昆虫

超最驚図鑑

永岡書店

はじめに

私たち人間が住むこの地球が誕生してから、約46億年の月日が流れました。昆虫が地球上に姿を現したのは約4億8千万年前のことです。それから進化を続けて、現在学名が付いているものだけで世界に約80万種、まだ学名が付いていない昆虫をふくめるとその数は100万種以上になると言われています。

姿や形もさまざまで、ヘラクレスオオカブトのように大きくて硬い体の昆虫や、大空を優雅に羽ばたくトリバネアゲハの仲間、ツノゼミのように奇怪な姿をした種類がいるかと思えば、ミイデラゴミムシのようにお尻から高温ガスを噴射する驚くような特殊能力を持つ昆虫もいます。また、絹の材料のマユを作るカイコガの幼虫や、ハチミツを作り、花の受粉をしてくれるミツバチのように、私たち人間の生活にとても役立っている虫たちもいるのです。

日本では昔から、昆虫を採集して、標本箱に入れてコレクションする趣味があります。現代では、カブトムシやクワガタムシを中心に昆虫採集用品や飼育用品も進歩をとげて充実し、世界中から昆虫の標本や生きた昆虫が入荷するようになりまし

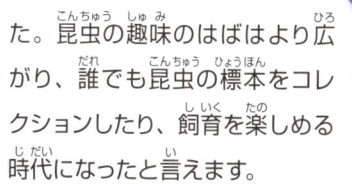

た。昆虫の趣味のはばはより広がり、誰でも昆虫の標本をコレクションしたり、飼育を楽しめる時代になったと言えます。

　この図鑑では、昆虫や昆虫に近い仲間を、生きているときの画像、標本画像、イラストで掲載して、さまざまな情報とともに紹介しています。生きている昆虫が過去に販売された価格や、昆虫標本の評価額なども一部掲載してみました。また、家族や友だちと楽しめるカブトムシやクワガタムシの昆虫採集の方法と、私自身が海外の昆虫を観察しに行き、まさに危険と背中合わせだった南米大陸への旅行をふくめた「世界昆虫旅行記」も掲載しています。この『昆虫 超最驚図鑑』は、「いつまでも色あせることなく楽しめる昆虫の図鑑を作りたい」という想いで制作しました。この図鑑を読んだ方に、私たちの身近にいる小さい生物「昆虫」たちの面白さや楽しさを、より理解してほしいと願っています。

岡村 茂

3

もくじ

この本の見方

名前や分類
昆虫の名前と学名、分類などがわかります。

生物データ
昆虫の能力を5段階でしめしています。5がもっとも強力です。

生物のなかま
昆虫以外の生物は、どんな生物のなかまであるかを記しています。

ここがすごい
その昆虫のとくにすごいところを紹介しています。

南米に住むカブトムシ
カブトムシ科
ヘラクレス・ヒリキー

全カブトの中で最強をほこる!
ヘラクレス・リッキー

本体長が約17cmになる。

生息地　エクアドル、ボリビア、ベネズエラ、コロンビア、ペルー

最大　約17cm

ライバル　ネプチューンオオカブト

意外な一面　南米のカブトムシなので、暑さに強いと思われるが、逆に寒さに強い。

武器&特ちょう
昆虫の武器や特ちょうなどをくわしく紹介しています。

生息地
その昆虫が生息している場所を地図と、国名、地いき名などでしめしています。

写真
昆虫の写真を解説とともに紹介しています。

大きさ
大きさをcm（センチ）単位で示し、人の手の大きさなどと比較。

生息地　エクアドル、ボリビア、ベネズエラ、コロンビア、ペルー

天敵・ライバル
昆虫を食べてしまう天敵や、エサをうばいあうライバルなどです。

最大　約17cm

ライバル　ネプチューンオオカブト

さまざまな情報
「はみ出し情報」「意外な一面」「現地で遭遇！」「びっくり価格」などの情報をのせています。

意外な一面　南米のカブトムシなので、暑さに強いと思われるが、逆に寒さに強い。

想像を超える昆虫世界

昆虫の種は、100万を超えるといわれます。数の多さだけでなく、その多様さにもとても驚かされます。地球上でもっとも繁栄する昆虫の世界をのぞいてみましょう。

最強の昆虫はどいつだ？

昆虫界で最強といわれる昆虫達が集結しました。果たして、勝敗の行方は……。

パラワンオオヒラタクワガタ

はさむ力は超強力で、クワガタ界の最強戦士。体がどっしりとして簡単には投げ飛ばされない。
→p94

オオエンマハンミョウ

強力なオオアゴと、硬い体を持つ。カブトムシを負かすこともある。
→p164

写真：Notafly

ヘラクレス・リッキー

全カブトムシの中で、最強といわれている。胸と頭の2本のツノで、相手を投げ飛ばす。
→P62

ゾウカブト

カブトムシの中で、もっとも重く、しがみつく力はナンバー1。体当たりで敵をけちらす。→P68

オブトサソリ

攻撃性が強い上に毒性も強く、刺されたら命はない。国内への輸入も禁止されている。→P58

写真：かなやまこ

オオスズメバチ

世界最大のスズメバチで、何度でも毒針で刺せる。アゴも強力で、ミツバチなどを切り刻みダンゴにしてしまう。→P22

パラポネラ

1匹で敵に立ち向かう最強アリ。その毒針に刺されると、銃で撃たれたような痛みが！→P16

宝石のように、きれいな虫たち

金属や宝石のようにきらめく、生物とは思えないようなムシがたくさんいます。

ハナカマキリ

花そっくりな形のカマキリで、近づいてきたハチやアブを捕獲する世界一美しいハンターだ。→P52

キイロテントウ

全身が黄色で、黒い点が二つならんでいる。とても美しくて愛らしいテントウムシ。日本に生息する。→p181

パンダアリ

パンダのようなカラーリングが、愛らしい。アリという名前だが実はハチの仲間で針を持つ。→p179

ミラースパイダー

体にウロコ状の鏡を持ち、興奮すると大きくなる。風景を鏡に映し、周りの環境に同化する。→P138　写真：Bernard DUPONT

ピーコックスパイダー

オスは、メスに求愛するさいに、クジャクのように飾りを広げる。→P180　写真：Jürgen Otto

キモンスカシジャノメ

ガラスのように透き通った羽を持つチョウ。周りの景色になじんで見つかりにくくなる。→P143

プラチナコガネ

体全体が本物のプラチナのように輝く。その美しさから、「森の宝石」の異名を持つ。→P128

カタゾウムシ

さまざまな色の種類がおり、金属のように美しく輝く。体が硬いことを相手に知らせる警告色。→P131

カイコガ

カイコが成虫になった姿。天使のような姿だが、家畜化で退化し野生では生きられなくなった。→p178

モモブトオオルリハムシ

体全体が瑠璃色に輝き、はねに赤い模様が入っている。その美しさから標本の人気も高い。→p133

昆虫たちが秘める すごい能力

天敵から身を守ったり、獲物を捕らえるために、驚くべき能力を進化させてきたムシたちです。

ツムギアリ

葉っぱで幼虫の家づくり！

はたらきアリが協力して葉っぱをおり曲げ、幼虫のための家を作る。→P48

キシノウエトタテグモ

↓鉄壁の扉を閉める！

獲物がきたら巣に引きずりこみ、天敵がきたら扉を閉める。→P147

ムツトゲイセキグモ

投げ縄のようにガを捕食！

粘着力のある糸を、カウボーイのようにふり回して、獲物のガを捕獲する。→P40

クロカタゾウムシ

体が硬すぎる！

とにかく体が硬く、標本用の昆虫針も刺さらない。硬すぎるために天敵がいない。→P33

エメラルドゴキブリバチ

ゴキブリの脳に毒針を刺して、意のままにあやつる。さらに、卵を体内に植え付けエサにする。→P46

ゴキブリをあやつる！

高温ガスを発射！

ミイデラゴミムシ

ピンチになると、敵にむかって100度以上の高温ガスをお尻から噴射する。→P42

体を切っても再生して増える！

プラナリア

体を切っても、切っても、体が再生して、増殖していく。→p149

お腹の中が貯蔵庫！

ミツツボアリ

はたらきアリが集めてきた蜜を、タンクアリがお腹にためこんで貯蔵する。→P47

不思議な姿や ユニークな習性

ムシたちの中には不思議な姿や習性を持つものもいます。その理由の多くは謎！ なぜそうなったかを想像するのも楽しみのひとつです。

ジンガサハムシ

宇宙生命体のような、硬く透明な甲羅を持つ。体が金色なのは、保護色の役割と考えられる。→p162

ツノゼミ

不思議な形のものが多く、なぜその形に進化したのかわかっていないものも多い。→P156

ジンメンカメムシ

なぜか人の顔のようなはねの模様。「毒を持っている」というアピールの警告色。
→P160

ウスバカゲロウの幼虫

アリジゴクの名でも知られ、わなにかかったアリやダンゴムシを捕食する。エサにありつけるかは運まかせだ。→P32

プリモスマルガタクワガタ

不思議な色と形の奇妙なクワガタ。くわしい生態はまだわかっていない。
→P107

シュモクバエ

目がはなれているほどモテて、オス同士の戦いもこの長さで競い合う。
→P159

ムシクソハムシ

なんとこの虫は、フンに擬態している。足をたたむと、もう誰にも気づかれない。→P163

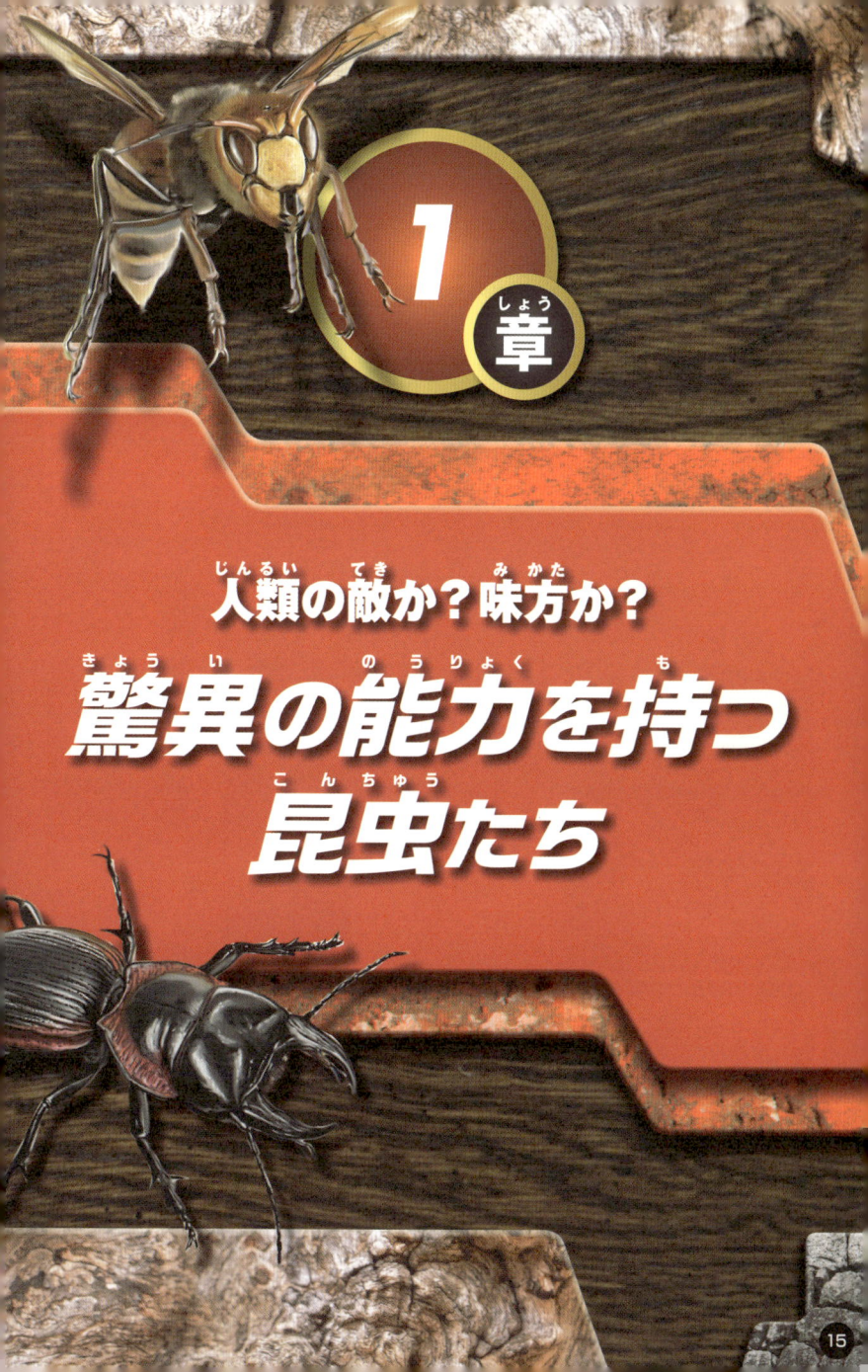

1章

人類の敵か？味方か？

驚異の能力を持つ昆虫たち

驚異の能力

刺されたら、とてつもなく痛い！

パラポネラ

別名：サシハリアリ　学名：*Paraponera clavata*

ハチ目・アリ科

サシハリアリ属

攻撃力	守備力	素早さ
珍しさ	毒針	

▼ここがすごい
刺されたときの痛さが弾丸なみ！

▲パラポネラの女王。

毒針で刺す
刺されたら24時間痛みが続くといわれている！

オオアゴでかむ
大きなアゴのかむ力も超強力。

生息地
ニカラグア〜パラグアイの湿潤な低地多雨林

最大	約3cm
天敵	寄生するハエ

ワンポイント 女王アリは、はたらきアリより体が大きいことが多いが、パラポネラはあまり変わらない。

単独で相手におそいかかり、尻の毒針で刺す。どんなハチに刺されるよりも、このアリに刺された方が痛いという。その激痛は、銃で撃たれたときのような痛み、とたとえられることから「弾丸アリ」の異名を持つ。

他の昆虫をおそうパラポネラ。最強のアリのひとつに数えられる。

オーストラリアの殺人アリ！

ブルドッグアント

別名：キバハリアリ
学名：*Myrmecia mandibularis*

クワガタのようなオオアゴを持ち、獲物をアゴで挟んで、お尻の毒針を刺して毒を注入する。

第1章　驚異の能力を持つ昆虫たち

17

驚異の能力

昆虫界最強の殺し屋集団

グンタイアリ

別名：バーチャルグンタイアリ　　学名：*Eciton burchellii*

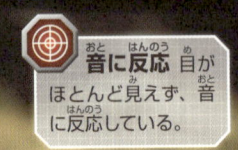

ハチ目・アリ科

グンタイアリ属

攻撃力	■■■□□
守備力	■■■□□
素早さ	■■■■□
珍しさ	■□□□□
軍隊	■■■■■

▼ここがすごい
100万匹規模の大軍団が行進！

音に反応 目がほとんど見えず、音に反応している。

大群でおそう 集団で相手をとことん攻撃する。馬や人間もおそうことがある恐ろしいアリ。

生息地
南米の熱帯雨林

最大　約1.5cm

天敵　アリジゴク

はみ出し情報！ アリは人間によく似た社会性を持つ事から、社会性昆虫とも呼ばれる。

その名のとおり軍隊のように進み、敵をおそう。大きなアゴが最強の武器となる。一匹の女王アリと100万匹規模のコロニー（生物集団）を形成しながら、出会う生物を片っ端からエサにして進んで行く、まさに「殺し屋軍隊」だ。

自家栽培するアリ！

ハキリアリ

英名：リーフカッティングアント　学名：Atta cephalotes

ハチ目・アリ科

ハキリアリ属

攻撃力		守備力		素早さ	
珍しさ		鋭い歯			

▼ここがすごい
自分より大きな葉を切り運ぶ！

3種の兵隊アリ
兵隊アリだけでも、小型、中型、大型など3種あり、守りがかたい。

ナイフのような歯 葉をきれいに切り取る、カッターナイフのような歯が武器だ！

生息地
北アメリカ東南部から中南米の熱帯雨林

最大 約3cm

天敵 寄生するハエ

はみ出し情報！ 女王、大・中・小の兵隊、大・中・小のはたらきアリ、オスなど、他のアリより役割が多い。

木の葉を巣に持ち帰り、それを食べるのではなく、菌類を植え付け、その菌からアリタケと呼ばれるキノコを栽培して食べている。地下にあるアリタケの栽培所は、巨大なキノコ農場という感じである。

驚異の能力

昆虫界のバクダン野郎！

ジバクアリ

別名：バクダンアリ　　学名：Camponotus saundersi

ハチ目・アリ科		
オオアリ属		

攻撃力	守備力	素早さ
珍しさ	自爆	

▼ここがすごい
毒の防御物質を分泌する
部分が身体中にある！

☠ **自爆する** ピンチ
になると自爆し、体内
の毒液をまいて、相手
も道連れにする！

生息地
マレー半島、
ブルネイ

最大	約0.5cm
天敵	寄生するハエ

1
昆虫ニクスNo.

はみ出し情報！　自爆する行動は、天敵の生物や、他
のアリから命がけで仲間たちを守るためと思われる。

　クモなどの天敵におそわれ
たときに、体の筋肉を収
縮させて腹部を爆発させる。自
分の命と引きかえに、毒液をふ
きかける捨て身の作戦だ。多く
のアリが蟻酸という毒性の酸を
持つが、毒性は他のアリの約10
倍も強い。

驚異の能力

小さすぎて、見つけられない、日本最小のアリ！

コツノアリ

別名：チビツノアリ　学名：*Carebara yamatonis*

| ハチ目・アリ科 |
| カレバラアリ属 |

攻撃力	守備力	素早さ
珍しさ	隠れる	

▼ここがすごい
体が小さく、隠れやすい！

赤っぽい色 体色はツヤのある赤やオレンジ色をしている。土や木の上を歩いていたら、ほぼわからない。

アゴでかむ
体は小さいがかむ力は強い。

兵隊アリ 体が大きい兵隊アリは、食料を体に貯めることができる。

生息地
日本の本州、四国、九州、南西諸島など

最大 約0.2cm

天敵 クモなど

はみ出し情報！ 東南アジアにも、女王アリの体長が2mmの極小アリがいる。

針葉樹林の林床、くさった木の中、石の下や土の中など、いろいろな所に巣を作る。はたらきアリは、とにかく体が小さいため見つかりにくく、小さなすき間にも入れる。実際に、玄関のすき間から住居に侵入することもよくある。

21

驚異の能力を持つ昆虫たち

驚異の能力

日本の最恐生物！

オオスズメバチ

英名：ホーネット　学名：Vespa mandarinia

ハチ目・スズメバチ科

スズメバチ亜科

攻撃力	■■■■■	守備力	■■■■■	素早さ	■■■■■
珍しさ	■■■■■	毒針	■■■■■		

▼ここがすごい
何度も毒針で刺すことができる！

毒針で刺す
持つ毒は刺されると人間も死ぬことがある！

アゴでかむ 毒針だけではなく、大きなアゴでのかむ力も強力だ！

生息地
東南アジア、沖縄以外の日本全土など

最大	約5.5cm
天敵	鳥、クマ、オニヤンマ

はみ出し情報！ 女王の標本はヨーロッパでも人気。冬季に朽ち木の中で冬眠中の女王を捕獲し、標本にする。

世界最大のスズメバチ。怒らせると仲間を呼び、集団で攻撃してくる。毒が強いだけでなく、何度も刺し、人間が死ぬこともある。エサが少なくなる夏の終わりから秋にかけては、特に凶暴さが増すため、注意が必要だ。

スズメバチは、超強力な武器を持つが、飛翔中に上下に高度を変えるのが苦手だ。

スズメバチの巣。見かけたら刺激せずにその場から離れよう。

驚異の能力

世界を救う救世主！

セイヨウミツバチ

英名：ヨーロピアンハニービー　学名：Apis mellifera

ハチ目・ミツバチ科

ミツバチ属

攻撃力	守備力	素早さ
珍しさ	毒針	

▼ここがすごい
ミツさがしや守備などの仲間との団結力

団結力 女王や卵を命がけで守る団結力は強い！

毒針で刺す 一度しか使えない毒針攻撃が最大の武器だ！

生息地
世界広域

最大 約1.7cm

天敵 スズメバチ、ミツバチヘギイタダニ

はみ出し情報！ 8の字を描くダンスと、円を描くダンスで巣の仲間にミツのありかを教える。

花粉を運び植物の受粉を助け、ハチミツを作るなど、人間の役に立っている代表的な昆虫、ミツバチ。現在、花粉を運ぶ昆虫は、農作物を作るうえで欠かせない、世界を救う昆虫とも言われる。その価値をお金にすると約65兆円になる。

毒グモハンター参上！

オオベッコウバチ

別名：ドクグモオオカリバチ　学名：*Pepsis*

ハチ目・ハチ亜目
ベッコウバチ科

攻撃力			守備力			素早さ	
珍しさ			毒針				

▼ここがすごい
自分より大きな毒グモを狩る！

▲大型毒グモと戦うところ。

毒針　クモの毒牙で刺される前に、クモの急所を的確に毒針で攻撃する。

生息地
北アメリカ南部、中央アメリカ、南米

最大　約8cm
天敵　鳥

はみ出し情報！　人間が刺されても死ぬことはないが、かなり痛い！

タランチュラなどの大型グモを専門に狩るハチ。その大きさは日本のオオスズメバチより大きく、大型グモを狩るために進化したと思われる。成虫は花のミツを食べ、捕まえたクモは巣に運び卵を産みつけ、幼虫のエサにする。

驚異の能力

吸血する大型のアブ！
ウシアブ

別名：吸血アブ　学名：Tabanus trigonus

| ハエ目 |
| アブ科 |

攻撃力 ■■■■■
守備力 ■■■■■
素早さ ■■■■■

珍しさ ■■■■■
飛　行 ■■■■■

▼ここがすごい！
飛ぶのが速い！

🩸 **傷つけて吸血** メスは、動物や人間から吸血。カのように刺すのではなく、皮ふの表面を傷つけて吸う。

🍴 **飛びながら捕食**
すごい速さで飛びながら、エサになる昆虫をキャッチ。

生息地
日本広域

| 最大 | 約2.5cm |
| 天敵 | 鳥 |

はみ出し情報！ 世界最速の昆虫はアブで、時速145キロほどで飛んだ記録があるという。ウシアブも速い。

素早く飛び、鋭い刃物のような口部で、家畜や人間の皮ふを傷つけ、しみ出た血を吸う吸血害虫。山でキャンプや釣りをしている人に飛来して血を吸うが、住居に入ることも。熱に集まる習性があるため、車の熱にもよく集まる。

水分で復活する奇跡の幼虫！

ネムリユスリカ

別名：不死身の幼虫　学名：Polypedilum vanderplanki

昆虫綱・ハエ目

ユスリカ科

攻撃力	守備力	素早さ
珍しさ	復活力	

▼ここがすごい
幼虫は宇宙空間でも
生きられる！

○ **復活能力** 幼虫はどんなに乾燥しても死なない。少しの水分を加えると、休眠から復活する。

▲ネムリユスリカの成虫。
写真：entom art

▼乾燥状態の幼虫。約97％の体内水分が失われても生きている。

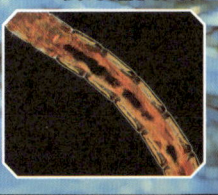

生息地
ナイジェリア、マラウィ

最大　約1cm（幼虫）

天敵　ヤゴなど

意外な一面 成虫になると、幼虫のように不死身ではなくなる。

生息場所が乾季になると、自らを乾燥させて雨が降るまで休眠する。17年間乾燥状態で保管して水に入れても蘇生。宇宙空間でも水分で蘇生した。103度の高温でも、－270度の低温でも死なない、不死身の幼虫。

驚異の能力

驚異の能力を持つ昆虫たち

クワガタ？　それともトンボ？

アジアオオキバヘビトンボ

別名：アジアオオアゴヘビトンボ　学名：*Acanthacorydalis orientalis*

アミメカゲロウ目

ヘビトンボ科

| 攻撃力 | ■■■□□ | | 守備力 | ■■■■□ | | 素早さ | ■■■□□ |
| 珍しさ | ■■■□□ | | アゴの威力 | ■■■■□ | | | |

▼ここがすごい
ヘビトンボの世界最大種！

➡ **空から攻撃**
大きなはねで空高くから獲物を攻撃する。

🔴 **オオアゴではさむ** クワガタのような大きなアゴを使い、相手をガッチリはさむ。

▼頭が蛇のような、ヘビトンボの仲間。

写真：Dehaan

生息地
中国南部

| 最大 | 約14cm |
| 天敵 | 鳥 |

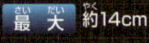

はみ出し情報！ 2014年の発見までは、中南米のハビロイトトンボの仲間が世界最大で、開長が19cmだった。

左右に開いたはねの幅である開長が、20cm以上になる世界最大級のヘビトンボ。頭にはクワガタのようなオオアゴが付く。この仲間は、頭がヘビで、体がトンボに似ていることから名前が付いているが、実際はカゲロウに近い仲間。

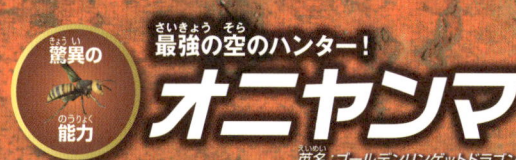

最強の空のハンター！

オニヤンマ

英名：ゴールデンリンゲットドラゴンフライ　学名：Anotogaster sieboldii

トンボ目

オニヤンマ属

攻撃力		守備力		素早さ	
珍しさ		アゴの威力			

▼ここがすごい
日本最大のトンボ！

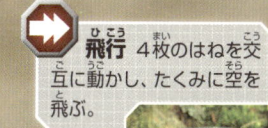

➡ **飛行** 4枚のはねを交互に動かし、たくみに空を飛ぶ。

🦗 **アゴで攻撃** 人の皮ふもかみ切れる、強力なアゴで相手を攻撃する。

生息地
日本の本州、八重山諸島、北海道など

最大 約11cm

天敵 カエル、大型のクモ

はみ出し情報！ 日本に生息するトンボの最速はギンヤンマ。最高時速はなんと100キロ。

日本に生息する約200種のトンボの中で、最大最強のトンボ。時速70キロで飛び、あの猛毒を持つスズメバチを捕食することもある「最強の空のハンター」だ！成虫は6月～10月まで日本広域で見られる。

驚異の能力

世界最大級のゴミムシ！

アカヘリエンマゴミムシ

別名：アカヘリゴミムシ　学名：Mouhotia batesi

甲虫目			オサムシ科	

攻撃力		守備力		素早さ	
珍しさ		アゴの威力			

▼ここがすごい
オオアゴの切れ味が鋭い！

🌸 **臭いガス** ピンチになると自己防衛のため、お尻から臭いガスを出す。

🦷 **オオアゴではさむ**
刃物のように鋭い大きなアゴで相手を攻撃！

生息地
タイ、ラオス、ミャンマー

最大	約6.5cm
天敵	アリ、トカゲなど

意外な一面 はねはあるが、空を飛べない。

世界最大級のゴミムシで、他の虫をおそって食べる肉食の昆虫だ。クワガタムシ顔負けの太く強力なオオアゴを持ち、前胸部とはね（上翅）が赤や緑の金属色でふち取られ、標本でも人気がある。臭いガスの最終兵器を持っている。

驚異の能力

日本のカタツムリハンター！
マイマイカブリ

英名：ジャパニーズグラウンドビートル　学名：Damaster blaptoides

甲虫目

オサムシ科

攻撃力	守備力	素早さ
珍しさ	アゴの威力	

▼ここがすごい
カタツムリの殻を食い破るアゴ！

▲カタツムリを食べるマイマイカブリ。

捕らえにくい体
細長く伸びた前胸部と体は敵が捕らえにくい！

アゴではさむ アゴの力は強く、敵の脚などをはさんで弱らせることも！

液体を噴射 危険を感じるとお尻から強い酸臭がする液体を噴射する。目に入ると炎症を起こすので注意。

生息地
日本広域

最大	約7cm
天敵	鳥、カエルなど
意外な一面	空を飛べず地表を歩き回る。

日本にしか生息していない固有種で、世界のオサムシの仲間の中でも大型になる。名前の由来はカタツムリを食べているときに「マイマイにかぶりつく」姿や「マイマイの殻をかぶる」ように見えることから。

驚異の能力を持つ昆虫たち

驚異の能力

幼虫はアリたちの天敵！
ウスバカゲロウ

別名：ゴクラクトンボ（アリジゴク）　学名：Hagenomyia micans

アミメカゲロウ目
ウスバカゲロウ科

| 攻撃力 | ■■■■■ | 守備力 | ■■■■■ | 素早さ | ■■■■■ |
| 珍しさ | ■■■■■ | 飛行 | ■■■■■ | | |

▼ここがすごい
意外と寿命が長い！

飛行 大きなはねを使い、トリッキーに飛んで相手をほんろうする！

後方へ進む アリジゴクは後ろにしか進めない。

巣 幼虫はアリの天敵アリジゴク。アリなどを捕食する。

▲アリジゴクの巣。すり鉢状。©iren

生息地
日本広域、朝鮮、台湾、中国

最大 約4cm
天敵 トンボ、クモなど

はみ出し情報！ 排泄をしないと言われていたが、フンはしないが、尿排泄することがわかった。

カゲロウは、エサを食べず2、3日で死んでしまう短命な昆虫だが、このウスバカゲロウは長ければ3週間も生きる。幼虫のアリジゴクの期間は約2年と長く、乾燥した土や砂地にすり鉢状の巣を作りアリやダンゴムシを捕食する。

硬い体が最大の武器だ！

クロカタゾウムシ

別名：カチカチムシ　学名：*Pachyrhynchus infernalis*

甲虫目

ゾウムシ科

攻撃力	守備力	素早さ
珍しさ	体の硬さ	

▼ここがすごい
硬すぎて天敵がいない

硬い体 とにかく硬い体が武器で、攻撃が通じない。

さまざまな模様
カタゾウムシの仲間は、さまざまな色のものがいる（P131）

生息地
沖縄県

最大　約1.5cm

天敵　なし

意外な一面 硬すぎるばかりに、はねが開かず飛べない。

沖縄県の石垣島と西表島に生息している。カタゾウムシの仲間は、標本用の針が刺さらないほど体が硬く、その硬さは全甲虫の中で最高レベル。これだけ硬いと鳥も食べず、美しい警告色を体色に持つものも多い。

巨大なムシ

昆虫と言えば、手のひらに収まるような小さなものを想像するが、世界にはそんな常識をくつがえす、巨大なムシたちがたくさんいるのだ!

◎ ルブロンオオツチグモ

別名：ゴリアス・バードイーター
学名：*Theraphosa blondi*

世界一大きなクモで、南米の熱帯雨林に生息し、脚を広げると30cmほど。かむ力が小型犬なみに強く、昆虫のほかトカゲやネズミも捕食する。人間への毒性は低いが、危険を感じると体に生えた刺激毛をけって飛ばし、これが粘膜や目に入るとすごく痛い。

30cm
世界一でかいクモ！

バードイーターの名があるが、さすがに鳥は捕食しない。ジャングルの貴重なタンパク源として現地住人に食べられている。

ウデムシを捕食するダイオウサソリ。

20cm
サソリ界の皇帝登場！

◎ ダイオウサソリ

別名：エンペラー・スコーピオン
学名：*Pandinus imperator*

毒針を持つが、性格はおとなしく毒も弱い。そのことがかえってペットとしての人気につながっている。寿命は10年ほど。

世界最大級のニョロニョロ！

アフリカオオヤスデ

別名：アフリカン・ジャイアント・ミリペッド
学名：*Spirosteptus gigas*

30cm

アフリカ南西部に生息する、最大体長約30cmの、世界最大級のヤスデ。落ち葉、キノコ類、動物の死体、果物など、何でもどん欲に食べる大食漢。体内に毒素である青酸を持っていて、そのにおいは臭く、いかくするときにも体から分びつする。

最近はペットとしても人気。毒素は、食べるなどしなければ、人には無害。

ジャイアント・ウェタ

別名：ウェタプンガ
学名：*Deinacrida rugosa*

バッタ界の横綱！

15cm

大きな脚を持つが、体が重いため、跳ねることが苦手。

ニュージーランドで独自の進化をしたウェタというバッタの仲間。最大体長は約15cm、重さは70gある。外来種のネズミに捕食され、ニュージーランド本土では約100年前に絶滅し、現在ではいくつかの島じまでしか見られない。

アレクサンドラトリバネアゲハ

世界最大のチョウ

28cm

別名：クィーン・アレクサンドラズ・バードウィング
学名：*Ornithoptera alexandrae*

パプア・ニューギニア北東部に生息し、最大開長は約28cmの世界最大級のチョウ。昼間に活動し、ハイビスカスなどの花の蜜を吸う。ワシントン条約などで指定され、絶滅が危惧されている。

写真：Mark Pellegrini.

アレクサンドラトリバネアゲハのメスが世界最大。

オスは最大開長19cmと小さいが、はねにメタリックブルーの美しい色彩を持つ。

写真：Mark Pellegrini.

写真：Quartl

こちらは世界一大きなガであるアタカス・アトラス。最大体長は約25cmほど。

森のドラゴン昆虫！

18cm

オオカレエダカマキリの標本（右）。なかなか手に入らない珍種。日本のオオカマキリ（左）と比較するとその大きさがよくわかる。

↑日本のカマキリ

オオカレエダカマキリ

別名：ドラゴンマンティス
学名：*Paratoxodera cornicollis*

インドネシアのマレー半島に生息する、最大体長が約18cmある世界一大きなカマキリ。体は木の枝に擬態し、体の各部に小さい葉のようなヒレ状の部分まであり、近づいた昆虫を捕食する。後ろからの攻撃に弱い。

20cm

ジャングルの大音響！

マレーシアで、夜に街灯の下に落ちているこのセミを発見。夜に街灯の明かりによく飛来する。

テイオウゼミ

別名：インペリアルシケイダ
学名：*Pomponia imperatoria*

マレー半島に生息するセミで、最大体長が約8cmあり、世界で約3000種いるセミの仲間の中で一番大きくなる。大きなはねで空からの急降下攻撃が得意。その鳴き声は、ジャングルに響きわたる大きさだ。

アブラゼミ

クマゼミ

テイオウゼミ（上）のはね（翅）の開長は最大で約20cm。日本のアブラゼミ（左下）とクマゼミ（右下）との比較。

世界最大のアリ

ディノハリアリ

別名：ディノフォネラ・アント
学名：*Dinoponera gigantea*

小さい虫の代名詞であるアリも、最大種になるともはやアリのイメージを超えている。南アメリカにすむアリで、最大体長は約4cmにおよぶ。大きなアゴと毒針を持ち、昆虫だけでなく、両生類やは虫類などもおそう。

日本のコクワガタ程度の大きさのアリだ。

4cm

会いたくない!? 巨大ムシ

世界最大のカタツムリ

アフリカマイマイ

別名：イースト・アフリカン・ランドスネイル
学名：*Achatina fulica*

殻をふくめた最大体長は約40cmと超巨大で、一晩で50m移動することもあるという。沖縄本島などに分布していて、寄生虫の中間宿主のため、駆除の対象にもなっている。

40cm

食べたり、触ったりすることで、広東住血線虫という寄生虫が人間に寄生すると、出血するなど悪影響をおよぼす。

巨大ヒル

世界最大級の吸血鬼！

環形動物の仲間

英名：リーチ
学名：*Hirudinea*

世界でもっとも大きなヒルは、南米のアマゾン川流域の湿地帯にいる、ジャイアント・アマゾニアン・リーチ。最大体長は約45cmで、はばは10cmに達する。

写真：GlebK

45cm

30cmほどに成長するマレーシア、キナバルのジャイアント・レッド・リーチ。

巨大なヒル。だ液には、血液をサラサラにする働きがあり、治療に使用されることも。

巨大ミミズ

環形動物の仲間

英名：アースワーム
学名：*Oligochaeta*

6.7m

世界最大のミミズは南アフリカのミクロカエトゥス・ラピ。最大体長は約6.7m、体の太さは約2cm、体重は30kgにおよぶ。長さはヘビをりょうがする。

◀アフリカのルワンダの巨大ミミズ。写真：Luis Daniel

とにかく細長〜いミミズ!?

日本最大級のシーボルトミミズ。45cmほどになる。

写真：Ks

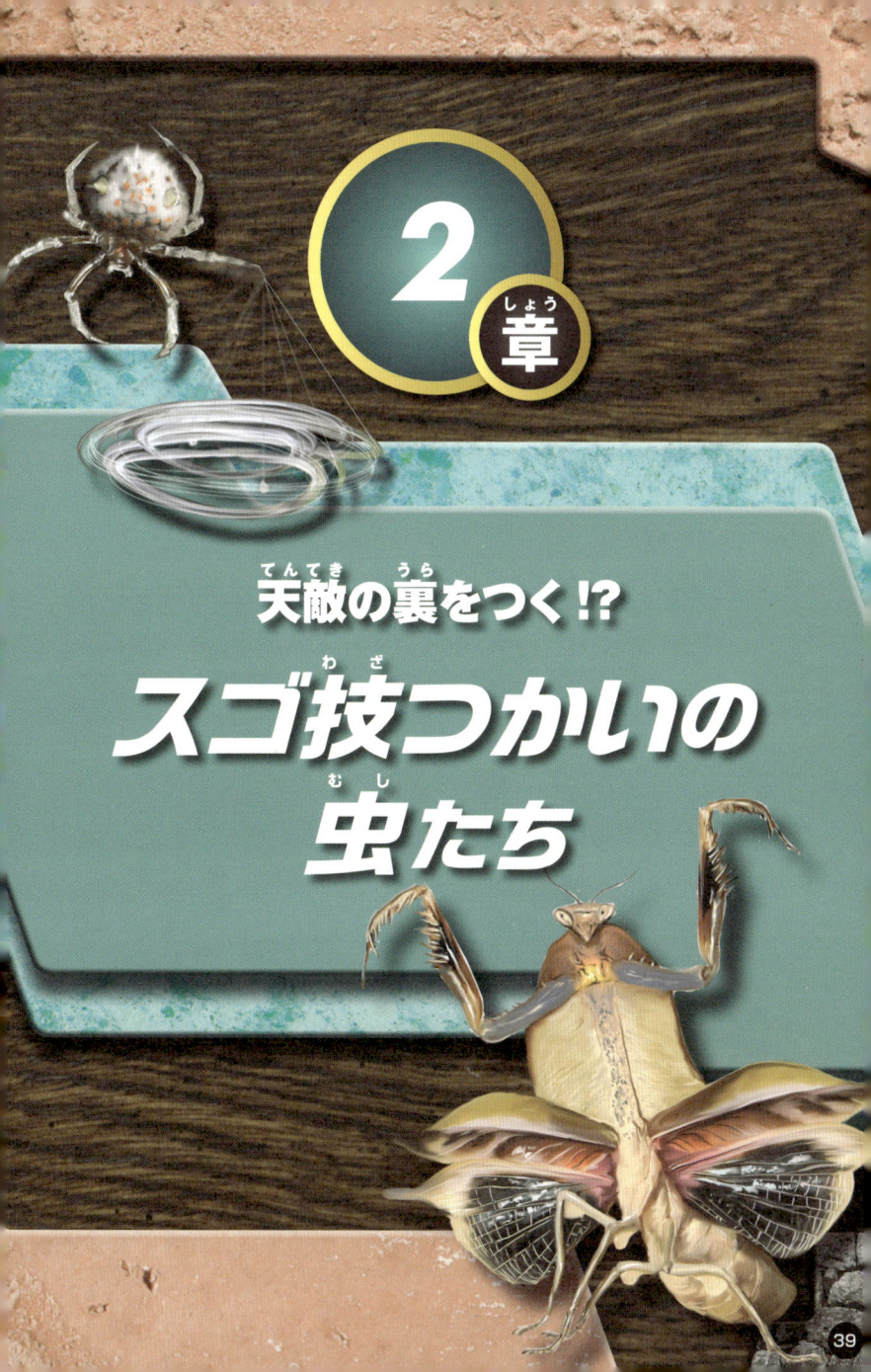

2章

天敵の裏をつく!?

スゴ技つかいの虫たち

クモの仲間

スゴ技つかい

クモ界のカウボーイ！
ムツトゲイセキグモ

別名 ナゲナワグモ　学名 Ordgarius sexspinosus

クモ目

コガネグモ科

攻撃力		守備力		素早さ	
珍しさ		投げわ			

▼ここがすごい
触れると破裂する糸！

輪投げ 粘球と呼ばれる糸を回転させ、獲物のガが粘球に触れると破裂し、粘液がからみつく。

フェロモンを出す 糸を回転させながら、ガのメスのフェロモンを出してオスを接近させている。

巣を張らず、1本の糸の先につけた粘球をふり回して、特定のガを捕食する。粘球の中には粘着力が強い液体が入っていて、獲物に触れると粘球が破裂し、その液体がかかって獲物は身動きができなくなる。

頭胸部に6個の突起があるのが、ムツトゲイセキグモの名前の由来。

生息地
本州南部以南

最大　約3cm

天敵　トカゲ、コウモリなど

はみ出し情報！　夜行性で、昼は葉の裏などにかくれている。

スゴ技 つかい

高温ガスを発射する！

ミイデラゴミムシ

別名：ヘッピリムシ　学名：*Pheropsophus jessoensis*

甲虫目

ホソクビゴミムシ科

攻撃力		守備力		素早さ	
珍しさ		ガス噴射			

▼ここがすごい
100度以上の高温のガスが出せる！

臭いガスを出す

ピンチになったら100度以上のガスを噴射する。このガスは、過酸化水素とヒドロキノンの反応によって作られる。

派手な色

他のゴミムシが黒など地味なのに対し、派手な柄をしている。

さまざまな肉を食べるが、30日以上絶食できる

生息地
日本、中国、朝鮮半島

最大	約1.6cm
天敵	アリ、カエルなど

はみ出し情報！ 皮膚にこのガスをかけられると、火傷はしないが褐色のシミができ、悪臭がつく。

体色が派手で、ゴミムシの仲間では美しい部類に入る。敵から攻撃を受けると、100度以上の高温ガスをお尻から「ぷっ」という音とともに噴射する。このとても臭いガスは、いろいろな方向に発射することができる。

ちがうアリの巣に突入し、乗っ取る！

サムライアリ

英名・スレーブ・メイキング・アント　学名・*Polyergus samurai*

ハチ目

アリ科

攻撃力		守備力		素早さ	
珍しさ		収奪			

▼ここがすごい
他のアリを奴隷にしてしまう！

戦闘集団 サムライアリのはたらきアリは、女王の世話や幼虫の世話、エサの回収を行なわない。クロヤマアリなどの巣をおそい、はたらきアリやサナギをうばい、奴隷化してはたらかせる。

生息地
日本、中国、朝鮮半島

最大　約6mm

天敵　クモなど

はみ出し情報！ 女王の大きさは約7mmとやや大きい。巣の乗っ取り時期は7月上旬。

交尾後にはねがぬけ落ちた女王アリは、「クロヤマアリ」という別のアリの巣に突入。女王アリを殺し、その臭いを自分につけて新女王となる。

クロヤマアリのはたらきアリたちは、サムライアリの新女王の世話をし、卵を育てる。

有爪動物の仲間

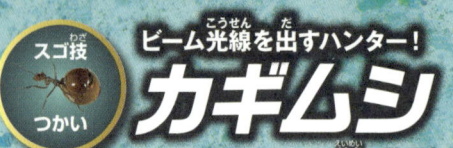

ビーム光線を出すハンター！

カギムシ

英名：ベルベット・ワーム　学名：*Peripatoides novaezealandiae*

有爪動物

カギムシ目

攻撃力		守備力		素早さ	
珍しさ		ビーム			

▼ここがすごい
ビーム光線のように
粘液を出せる！

▲イボのような肢にはかぎ爪があり、名前の由来になっている。

粘液ビーム 最長30cm以上飛ばせる粘液ビームを出す。ネバネバした粘液を相手にかけ、動けなくして捕食する。

歯 歯は強力で、カタツムリのカラもくだく。

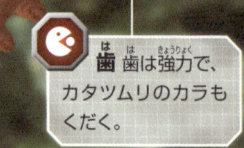

生息地
オーストラリア、ニュージーランド、東南アジア、南米など

最大 約10cm

天敵 アリ、鳥など

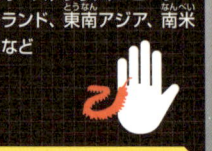

意外な一面 体が水を弾くためぬれない！

2本の触角と、たくさんの爪のついた肢を持つ、有爪動物。小昆虫などの獲物に、口の近くにある穴からネバネバした粘液を吹きかけ動けなくして食べる。卵を産むタイプと、体内で卵をふ化させる卵胎生などがいる。

44

忍者も武器として使った猛毒を持つムシ！

オオツチハンミョウ

英名：ブリスタービートル　学名：*Meloe proscarabaeus*

甲虫目

ツチハンミョウ科

攻撃力	守備力	素早さ
珍しさ	毒液	

▼ここがすごい
体内に猛毒を持つ！

☠ **毒液を出す** 体内にはカンタリジンという猛毒を持ち、脚の関節から毒液を出して攻撃する！

死んだふり 危なくなったら、死んだふりをする！

生息地
日本、欧州など

最大　約3cm

天敵　アリなど

はみ出し情報！ 1回に産卵する数が数千個！
すごい数の卵を産む。

幼虫は花の中にもぐって、吸蜜に来たハナバチ類の体に乗り移り、巣まで運ばれる。そこでハチが集めた花粉を食べて成虫になる。成虫は、カンタリジンという毒を持つ。この毒は、かつて忍者が武器にぬって使っていた秘密兵器だ。

スゴ技つかい

驚異の洗脳作戦！
エメラルドゴキブリバチ

英名：ジュエル・ワスプ　学名：Ampulex compressa

ハチ亜目

セナガアナバチ科

攻撃力	■■■■■
守備力	■■■■■
素早さ	■■■■■
珍しさ	■■■■■
洗脳	■■■■■

▼ここがすごい
ゴキブリを操る！

◀ゴキブリの体内から出てきた成虫。
写真：Pjt56

ゴキブリを操る
毒針を刺してまひさせ、ゴキブリを意のままに操る！

グリーンの金属色
体色がエメラルドグリーンの金属色で美しい！

生息地
南アジア、アフリカなど

最大　約2cm

天敵　アリ、クモなど

はみ出し情報！ 巣までゴキブリを運ぶと、触角を半分ほど食べてしまう。

ゴキブリを毒針で1回刺して体をまひさせ、2回目は脳の一部分を正確に刺し逃げないようにする。その後、ゴキブリの触角を引っ張り巣穴まで誘導し、腹に卵を産みつける。幼虫はゴキブリを食べて成虫になって体内から出てくる。

友情フードファイター！

ミツツボアリ

別名：ミツアリ　学名：*Myrmecocystus*

ハチ目	攻撃力		守備力		素早さ	
アリ科	珍しさ		貯蔵			

▼ここがすごい
食料を体に貯蔵できる！

◀天井からぶら下がるタンクアリ。

役割分担 兵隊アリが外敵とアゴを使い闘い、はたらきアリがエサを探し、このタンクアリが体内にミツをためる。

生息地
米国、オーストラリアの乾燥地帯など

最大 約1cm

天敵 ツノトカゲ、アリジゴクなど

はみ出し情報！ ミツを体内にためたタンクアリは、現地住民のおやつになることも。

アリにはそれぞれ役割があるが、このアリには食料を体内にためる「タンクアリ」と呼ばれるアリがいる。はたらきアリが運んできたミツを、食べ物が少ない季節に備え、体内にため続ける。その重さで歩けなくなると巣穴の天井からぶら下がる。

スゴ技
つかい

森の危険な建築家！
ツムギアリ

英名：テイラー・アント　学名：*Oecophylla smaragdina*

| ハチ目 |
| アリ科 |

攻撃力 ■■■■■
守備力 ■■■■■
素早さ ■■■■
珍しさ ■■■■
必殺技の威力 ■■■■

▼ここがすごい
葉で巣を建築する！

☠ **毒液を出す** かみつき以外にも、お尻から毒液を噴出できる。

🐜 **アゴでかむ** 怒らせると自分の何倍もの大きさの昆虫をおそいエサにする！ 攻撃性が非常に強い。

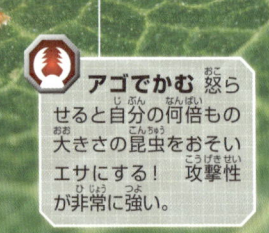

生息地
東南アジア

| 最大 | 約1.2cm |
| 天敵 | クモなど |

はみ出し情報！ タイでは食用、東南アジアなどでは伝統療法の薬として用いられる。

一般的なアリのように、地面に巣穴を作るのではなく、木の葉で直径20cmほどの巣を作る。はたらきアリが切り取った葉を集め、他のはたらきアリが幼虫をそこに運び、幼虫が出す糸で巣を作っていくという変わった習性を持つ。

はたらきアリたちが協力しあって、葉をおり曲げて、巣を作っていく。

葉を包むようにして、幼虫の糸で葉と葉をくっつけていく。

49

スゴ技
つかい

あやしい光で獲物をさそう

ヒカリキノコバエ

別名：ツチボタル　学名：*Arachnocampa luminosa*

ハエ目	攻撃力		守備力		素早さ	
キノコバエ科	珍しさ		発　光			

▼ここがすごい
幼虫が発光する！

お尻を発光 光に引き寄せられた獲物は、ネバネバした粘液で捕獲され、幼虫の餌食に！ 幼虫が空腹のときにお尻が発光する。

◀洞窟の中で発光する様子

生息地
オーストラリア、ニュージーランド

最大	約4cm
天敵	肉食昆虫など

はみ出し情報！ 幼虫がたくさんいる洞窟は天井の光がとても美しく、観光名所になっている場所もある。

ヒカリキノコバエの幼虫は、洞窟の天井にくっついて長さ4cmほどの玉すだれのような粘液をたらす。幼虫がお尻を青白く発光させると、光に誘われた昆虫が粘液にくっつき捕食。成虫は数日しか生きない。

スゴ技つかい

ガス噴射で水上を高速移動！

コクロメダカハネカクシ

別名：メダカハネカクシ　学名：*Stenus melanarius verecundus*

甲虫目

ハネクシ科

攻撃力	■■□□□	守備力	■■□□□	素早さ	■■■■□
珍しさ	■■□□□	ガス噴射	■■■□□		

▼ここがすごい
すごい速さで水上を移動できる！

▲目が大きく、はね（上翅）に粗い点刻がある。写真：Sanja565658

ガス噴射で高速移動
お尻からガス噴射して水上を移動することができる。自分の体長の約150倍を1秒で移動するという！

生息地
日本広域

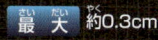

最大	約0.3cm
天敵	肉食性の水生昆虫など

はみ出し情報！ ハネクシとは、小さいはねの中に大きなはねがおりたたまれていることから。

水辺に生活し、水に落ちても分泌物による表面張力を使い沈まない。そのときお尻からガスを噴射して、水面を滑るように進み対岸にたどり着く。ガス噴射による速度はとても速く、外敵から逃げるときも有効だ。

51

スゴ技
つかい

美しい花にはカマがある！

ハナカマキリ

別名：ランカマキリ　学名：*Hymenopus coronatus*

カマキリ目		
ヒメカマキリ科		

攻撃力	守備力	素早さ
珍しさ	擬態力	

▼ここがすごい
世界で最も美しいハンター！

花に擬態　花と一体化して、ミツを吸いに近寄ってきた昆虫に、カマを使いおそいかかる！　幼虫時代は狩りをするランの花と同じ色！

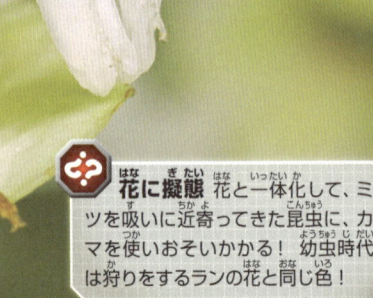

生息地
東南アジア

最大　約7cm
天敵　トカゲなど

意外な一面　成虫になると、花に擬態しにくくなる。

花に擬態して、近づくハチや アブなどを捕食する「世界一美しいカマキリ」。しかし、そうしていられるのは幼虫時代だけ。成虫になると体色が変化して花には擬態しにくくなり、狩りの成功率が落ちてしまう。

スゴ技
つかい

枯れ葉に変身！
マルムネカレハカマキリ

別名：コブラヘッド　学名：*Deroplatys truncata*

カマキリ目
カマキリ科

攻撃力	守備力	素早さ
珍しさ	擬態力	

▼ここがすごい
体が枯れ葉そのもの！

▼枯れ葉の中を歩くカレハカマキリの
別の種のメダマカレハカマキリ.

枯れ葉に擬態
枯れ葉に擬態して、近寄る獲物におそいかかる！

いかく　後ろ脚で立ち、体を起こして前脚をおりたたみ、はねを鳴らしていかくする。

生息地
マレー半島

最大　約8cm

天敵　クモ、鳥類など

はみ出し情報！　ペットとして人気があり、国内にも生体が入荷することがある。

体が枯れ葉でできているかのような、完成度の高い擬態。気づかずに近づいてきた獲物をおそって捕食する。胸の形状から「コブラヘッド」とも呼ばれる。いかくポーズは、カマキリとは思えないほど迫力があり、どこか優雅でもある。

スゴ技つかい

触角にサソリのような毒針を持つ
サソリカミキリ

別名：スコーピオンビートル　学名：*Onychocerus albitarsis*

甲虫目

カミキリムシ科

攻撃力	守備力	素早さ
珍しさ	毒針	

▼ここがすごい
触角の先端に毒針が
ある

☠ **触角の毒針で刺す** サソリの尾のように、触角の先に毒針がある。刺されると鋭い痛みがある。

オオアゴでかむ
頭には、カミキリムシならではの大きなアゴもついている。

生息地
ペルー

最大　約4cm

天敵　アリ、トカゲなど

はみ出し情報！ 人が手を刺されるとはれ上がるようだが、命に別状はないようだ。

南米ペルーに生息する、触角の先に毒を注入する毒針がある、非常にめずらしいカミキリムシ。ハチやサソリの毒針は腹部の末端節の変化だが、このカミキリムシは触角の末端節を毒針に変えている。触角は自由自在に動かせる。

オスを餌食にする、ホタル界の魔女！

ベルシカラーボタル

別名：ベルシカラー・ライティング・バグ　学名：*Photuris versicolor*

甲虫目

ホタル科

攻撃力	守備力	素早さ
珍しさ	発光	

▼ここがすごい
多種のホタルの発光
をまねる！

発光パターンが変化
種類ごとに異なる発光パターン
をまねて、さまざまなホタルの
オスをおびきよせ捕食する！

写真：Bruce Marlin

生息地
北米

最大　約2cm

天敵　鳥など

はみ出し情報！　ホタルの発光はオスとメスの求愛行動だが、オスがメスのところに飛んで行き交尾をすることが多い。

ベルシカラーボタルのメスは、飛んでいる他種のオスを見つけるとその発光パターンから種類を特定し、その種のメスが出す光をまねて発光する。同種のメスだと思い込み、そこに飛んできたオスは捕食されてしまう。

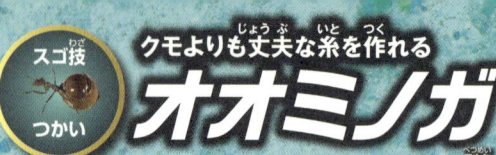

スゴ技つかい

クモよりも丈夫な糸を作れる

オオミノガ

別名：ヤマトミノガ　学名：*Eumeta japonica*

チョウ目			
ミノガ科			

攻撃力	守備力	素早さ
珍しさ	糸の強度	

▼ここがすごい
巣の中から卵を
1,000個も産む！

🛡 **ミノムシ** 幼虫は
ミノムシの巣の中から
出ず、鉄壁の防御。

🔍 **糸** 糸で上下に移動
する。クモの糸の2.5
倍の強度がある。

生息地
日本広域、中国、台湾など

最大 約3.5cm

天敵 オオミノガヤドリバエ

はみ出し情報！ オスにははねがありガになる
が、メスにはなく一生を巣の中で過ごす。

オオミノガは日本最大のミ
ノガで、幼虫は日本で一
番大きなミノムシになる。幼虫
が出す強力な糸と、木の葉や
枝で作られた幼虫の巣は、がん
じょうでこわれにくい。大量発
生すると樹木やかん木などに寄
生して被害が出ることもある。

さわるな危険！

「毒虫」頂上決戦！ ☠☠☠☠☠

DANGER / **DO NOT TOUCH**

毒虫ごとに、毒の強さや種類、刺されたときの痛みはそれぞれ異なる。ここでは、毒の強さや特ちょうによって危険度をつけた。もっとも危ない毒虫はどいつだ！？

🖐 クロドクシボグモ

別名：ブラジリアンワンダリングスパイダー
学名：*Phoneutria Nigriventer*

クモの仲間

危険度：5

☠☠☠☠☠

南米の猛毒グモ！

南米に生息している、最大体長は約8cmほどのクモで、人がかまれると、その猛毒により数十分で死ぬこともある。1匹の毒で人間数十人が死にいたる猛毒を持つ「世界最恐の毒グモ」だ。

🖐 身近にいる毒虫

**日本にも外来種
として生息
セアカゴケグモ**

別名：レッドバック・スパイダー
学名：*Latrodectus hasseltii*

危険度：4 ☠☠☠☠

最大体長1cmの小さなクモで、日本でも外来種として見つかっている。強い毒を持ち、かまれると、激しい痛みの後にはれ、発汗、発熱などの全身症状が出ることも。死亡例もある。

**遭遇しやすく、重症
例もある毒グモ
カバキコマチグモ**

別名：コマチグモ
学名：*Cheiracanthium
japonicum*

危険度：2 ☠☠

日本全土に生息する毒グモで、最大体長は約1.5cm。かまれると激しい痛みとともに赤くはれ、水ぶくれができたり、ただれるケースも。

57

オブトサソリ

別名：デスストーカー
学名：*Leiurus quinquestriatus*

夜行性で、昆虫だけでなく小動物も捕
食する中東やヨーロッパに生息するサソ
リ。獲物を捕らえるときでも、身を守る
ときでも、積極的に毒針を使うなど、攻
撃性が強く危険。毒性も強く、刺された
人間が死ぬケースも多い。

危険度：**5** ☠☠☠☠☠

輸入が禁止された危険なサソリ！

写真：ＮＧＩＭＡＧＥＳ

アフリカナイズドミツバチ

科学者のミスで研究中のハチが逃げて、南米で増殖。
セイヨウミツバチとアフリカミツバチの交雑種で、最
大体長は約1.8cm。集団での攻撃性がとても強く、
多くの人間の死亡例がある、最も危険なハチ。

別名：キラービー
学名：*Apis mellifera ssp*

危険度：**5** ☠☠☠☠☠

集団でおそう殺人蜂！

ムカデの仲間

🖐 ペルビアンジャイアントオオムカデ

別名：ギガスオオムカデ
学名：*Scolopendra gigantea*

危険度：？ 謎を秘めた毒ムシ！

南米の熱帯雨林にいる世界最大のムカデ。最大体長は約40cmで、もはやヘビサイズだ。攻撃性が強く、近づくものは、強力なアゴで激しくかみつく。足のしま模様は毒を持つ警告色だ。毒性の強さは不明だが、危険極まりない生物であることは確かだ。

🖐 身近にいる毒虫

🖐 アオカミキリモドキ

別名：ヤケドムシ
学名：*Xanthochroa waterhousei*

危険度：2 ☠☠
家に入り込むこともある毒虫

日本、朝鮮半島、サハリンなどに生息する、最大体長は1.6cm。カミキリモドキ科の仲間で、体内に毒成分の「カンタリジン」を持ち、かまれると水ほう性皮膚炎になる。

危険度：**4**

××××× 苦しみが10時間 以上続く！

サザンフランネルモスの幼虫

別名：ブスキャタピラー
学名：*Megalopyge opercularis*

中南米、北米に分布し、幼虫の最大体長は約4cm。「ボリビアモス」とも呼ばれ、幼虫の体毛に触れると激しい痛みが10時間以上続くと言われている。

身近にいる毒虫

イラガの幼虫

別名：デンキムシ
学名：*Monema flavescens*

日本広域に分布し、成虫は開長3cm、幼虫は体長2cm。幼虫の体からは毒液が出る。触ると感電したような激しい痛みが体に走るため「電気虫」の異名がある。

危険度：**3**

感電したような衝撃！

危険度：**5**

×××××× 血が止まらなくなり命が危険！

ベネズエラヤママユガの幼虫

別名：ジャイアント・シルクワーム・モス
学名：*Lonomia Obliqua*

中南米に生息する、猛毒を持つ毛虫で、最大体長は5.5cmほど。ガラガラヘビなどの毒ヘビと同じ猛毒を持ち、傷口からの出血が止まらなくなるなどの症状を引き起こし、人間の死亡例も確認されている。

もともと森の奥に生息し、被害はなかったが、森林の伐採の影響で人間と接触。大量発生している。

3章

ツノでけちらす昆虫王者！

カブトムシ

南米の
カブトムシ

全カブトの中で最強をほこる！
ヘラクレス・リッキー

別名：ヘラクレスオオツノカブト　学名：Dynastes hercules lichyi

カブトムシ亜科

ヘラクレスオオカブト属

攻撃力	守備力	素早さ
珍しさ	ツノの威力	

▼ここがすごい
全カブトムシの中で
もっとも強い。

胸と頭の2本のツノ
長く大きな胸と頭のツノを
使ってケンカ相手を投げ飛
ばす。

はねの色 はね（上翅）の
色は黒いときと黄色いときがあ
り、まれに青色などがいる。

生息地
エクアドル、ボリビア、ベネ
ズエラ、コロンビア、ペルー

最大	約17cm
ライバル	ネプチューンオオカブト

意外な一面 南米のカブトムシなので、暑さに
強いと思われるが、逆に寒さに強い。

最大体長が約17cmになる、
ヘラクレスオオカブトの亜
種。標高1000m以上の気温が
低い高地で見つかることが多い
ため、暑さに弱い。オスは1年〜
1年半、メスは半年〜1年くらい
で成虫に羽化することが多い。

湿気が多いと、はねが黒くなり、乾燥すると黄色っぽい色になる。

樹液をすうヘラクレス・リッキー。ヘラクレス・リッキーと、ヘラクレス・ヘラクレスは、ツノの形や太さなどにちがいがある。

1匹のメスが産む卵の数は30〜100個ほど。幼虫は、エサとなるカブトマットに入れて20度以上の室温で飼育する。

第3章 カブトムシ

中米の
カブトムシ

人気絶大なオオカブト!

ヘラクレス・ヘラクレスオオカブト

別名：ヘルクレスビートル（英名）　学名：Dynastes hercules hercules

カブトムシ亜科

ヘラクレスオオカブト属

攻撃力		守備力		素早さ	
珍しさ		ツノの威力			

▼ここがすごい
ヘラクレスの中で飼
育人口ナンバー1。

大食い とても大食いで一日中エサを食べていることがある。

脚のツメ 脚の先の大きなツメでふんばる力も強い。

2本のツノで投げる リッキーと同じく2本のツノで相手を投げる。リッキーより胸のツノが太いオスが多い!

生息地
グアドループ諸島のバセテール島、ドミニカ島（フランス領）

最大　約17.5cm

ライバル　同種のヘラクレス

びっくり価格!　かつて17.2cmのオスの標本に200万円以上の値が付いた。

ヘラクレスオオカブトの中でもっとも大きいサイズで、一番初めに名前がつけられた。名前の由来は、ギリシャ神話に登場する英雄ヘラクレスから。人工飼育の成虫は、長生きのオスで1年～1年半くらいの寿命がある。

ジャングルの暗黒魔神！

ネプチューンオオカブト

別名：ネプチューンツノカブト　学名：Dynastes neptunus

カブトムシ亜科

ヘラクレスオオカブト属

攻撃力	守備力	素早さ
珍しさ	ツノの威力	

▼ここがすごい
全身黒一色で見るからに強そう！

4本のツノで投げる
胸に3本、頭に1本の合計4本のツノで敵を投げる。

脚のツメ 脚のツメが鋭くとがり、樹上でふんばりながら、長いツノで攻撃する。

ヘラクレスオオカブトに次ぐ、2番目に大きな種。

生息地
エクアドル、コロンビア、ペルー、ベネズエラ

最大　約16cm

ライバル　ヘラクレス・リッキー

意外な一面　人工飼育で羽化したオスの成虫は、胸のツノより頭のツノが長くなることが多い。

標高1500m以上で見つかることが多い大型カブトムシ。頭のツノは先端がノコギリ状で、胸のツノには毛が生えている。幼虫期間が1年半から2年と長く、成虫は半年くらい。名前はローマ神話の海神ネプチューンに由来。

65

南米の
カブトムシ

幻のカブトムシ！

サタンオオカブト

別名：サタナスビートル（英名）　学名：Dynastes satanas

カブトムシ亜科

ヘラクレスオオカブト属

攻撃力	守備力	素早さ
珍しさ	ツノの威力	

▼ここがすごい
寒さに強いカブトムシ！

2本のツノで投げる
毛が生えた2本のツノではさんで相手を投げる。毛はすべり止めの効果がある。

脚のツメ
脚のツメが鋭くとがり、ひっかかれるとかなり痛い。

生息地
ボリビア多民族国

最大　約12cm

ライバル　ヘラクレス・リッキー

びっくり価格！　かつて生きているペアが、130万円で売られたことがある！

南米ボリビア多民族国に生息している大型カブトムシ。最初に1匹のオスが見つかったあと、長い間見つからなかったことから「幻のカブト」と呼ばれている。学名のサタナスは、古典ヘブライ語で「悪魔」という意味がある。

黄金の毛は、ツノの内側だ
けでなく、体の裏側にも生
えている。

中南米の
カブトムシ

カブト界の巨ゾウ！
ゾウカブト

別名：エレファス（愛称）　学名 *Megasoma elephas*

カブトムシ亜科

ゾウカブト属

攻撃力		守備力		素早さ	
珍しさ		突進の威力			

▼ここがすごい
カブトムシの中で一番重い。

脚でしがみつく
長い脚で敵にしがみつく力はナンバー1。

体毛 黄褐色の全身は、よく見ると体毛でおおわれている！

体当たり 重い体で体当たりして、敵をけちらす。

生息地
メキシコ、グァテマラ、コロンビア、コスタリカ、ホンデュラス、ベネズエラ、パナマなど

最大 約13cm

ライバル ヘラクレス・リッキー

意外な一面 成虫は50〜80g、幼虫は180gほどになることも。

体の重さはカブト界で一番。その重さを活かして、他の昆虫を体当たりでけちらし、樹液にありつく。学名のエレファスはラテン語でゾウの意味。幼虫期間は1年半〜2年以上と長く、エサのカブトマットもよく食べる。成虫は半年ほどの寿命。

ジャングルの重戦車！
アクテオンゾウカブト

別名：アクテオン（愛称）　学名：Megasoma actaeon

カブトムシ亜科

ゾウカブト属

攻撃力		守備力		素早さ	
珍しさ		押し出す力			

▼ここがすごい
体の横はばはカブト
ムシで一番。

体で押し出す
重い体で相手をグイグイ
押し出して攻撃する。

つやのない黒色
全身がつや消しの黒色
をしている。

生息地
エクアドル、パナマ、ブラジ
ル、ギアナ、ボリビア、パラ
グアイ、ペルー、コロンビア

最大 約13cm

ライバル ヘラクレス・リッキー

びっくり価格！ かつて最大体長が約13.5cmの
オスの標本に200万円の値段がついたという！

体の大きなゾウカブトの仲間の中で、体の横はばはナンバー1！ 太くつき出た2本の胸のツノを持ち、がっちりとした体格。種名はギリシャ神話で、シカの姿に変えられるアクテオンにちなんで付けられた。昆虫標本は大きいほど高額になる。

北米の
カブトムシ

カブト界の白いヘラクレス！
グラントシロカブト

別名・ホワイトビートル（英名）　学名・Dynastes grantii

カブトムシ亜科

ヘラクレスオオカブト属

攻撃力	守備力	素早さ
珍しさ	ツノの威力	

▼ここがすごい
ヘラクレスに形や動きがそっくり！

4本のツノで投げる
オスは胸に小さいツノが2本と大きいツノが1本、頭に1本、合計4本のツノではさんで投げる。

体の色 白い体に黒い点がある。点がない個体もいる。

生息地
アメリカ合衆国（ユタ州、アリゾナ州、ニューメキシコ州）

最大 約8cm

ライバル ティティウスシロカブト

ワンポイント 死後も白い体色が変わることはなく、標本でも人気。

ヘラクレスオオカブトによく似た姿で、体の色が白いことから人気。攻撃スタイルも似ていて、胸と頭のツノで相手をはさむ。成虫の飼育やブリードは難しくなく、人工飼育で8cmクラスの成虫を羽化させることもできる。

アメリカ東部の暴れんぼう！

テイテイウスシロカブト

別名：アメリカシロカブト　学名：*Dynastes tityus*

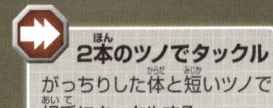

カブトムシ亜科

ヘラクレスオオカブト属

攻撃力		守備力		素早さ
珍しさ		ツノの威力		

▼ここがすごい
ほぼ同じ長さの2本の
ツノが上下にある！

2本のツノでタックル
がっちりした体と短いツノで
相手にタックルする。

体の色 体は黄
褐色に黒い点がある
が、白っぽい色の個
体もいる。

生息地
アメリカ合衆国東部

最大 約7cm

ライバル グラントシロカブト

ワンポイント はね（上翅）の黒い点は、脂分が
しみ出て固まったものと思われる。

気性が荒く、オス同士でよ
くケンカをする暴れんぼ
うのカブト。大型のものに比べ
て、中型や小型のものは素早く
動ける。胸に長いツノ1本と短
いツノ2本があり、頭に1本、合
計4本のツノを持っている。

南米の
カブトムシ

ノコギリと大きなタテが武器！
クラビゲールタテヅノカブト

別名 ヒサシタテヅノカブト　学名 *Golofa claviger*

カブトムシ亜科

タテヅノカブト属

攻撃力	守備力	素早さ

珍しさ	姿の奇妙さ

▼ここがすごい
攻撃を防ぐ、巨大な
タテを持つ

 ノコギリ状のツノで攻撃
先のとがったギザギザのついた頭
のツノで攻撃する。

タテとなるツノ
胸のタテヅノをふり
回して身を守る。

体の色 体は
オレンジ色をして
いる。

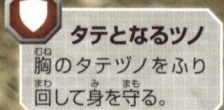

生息地
エクアドル、ペルー、コロン
ビア

最大 約8cm

ライバル エアクスタテヅノカブト

ワンポイント エクアドル産は大型に成長し、発
達したツノは迫力満点。

胸のツノはヒサシ状に張り
出して先がふくらみ、頭
のツノはノコギリ状でとがって
いる。一度見たら忘れないイン
パクトのある形だ。南米エクア
ドルで、夜の街灯に飛んで来た
このカブトを見つけたとき、あま
りにも奇妙な姿におどろいた。

■標本サイズ 8.2cm
（ブラジル産）

3つのツノを持つカブト

ケンタウルス
ミツノサイカブト

別名：オバケアメリカミツノサイカブト
学名：*Strategus centaurus*

ギリシャ神話の半人半獣の人種から名づけられた。ブラジル、アルゼンチン、パラグアイなどに生息し、最大体長は約9cm。

世界最大のヒナカブト

オオカラカネ
ヒナカブト

別名：マルガリダエ
学名：*Agaocephala margaridae*

近年ブラジルで生きているこのカブトが発見されるまで、絶滅したと思われていた「幻のヒナカブトムシ」。

■標本サイズ

5.05cm

（ブラジル産）

もっとも大きくなるシロカブト

ヒルスシロカブト

別名：ヒルスオオカブト
学名：*Dynastes hyllus*

メキシコに生息、体色は黄褐色から白に近い個体までいる。シロカブトの仲間で最大になる人気のある種。

■標本サイズ 9.7cm

（メキシコ産）

※上記のスケールは縮小・拡大されている場合があります。大きさの目安として参照ください。

0
10
20
30
40
50
60
70
80
90
100
110
120
130
140
150

アジアの
カブトムシ

アジア最強のカブトムシ！
コーカサスオオカブト

別名：キロンオオカブト　　学名：Chalcosoma chiron chiron

| カブトムシ亜科 |
| アトラスオオカブト属 |

攻撃力		守備力		素早さ	
珍しさ		ツノの威力			

▼ここがすごい
アジア最大、最強の
王者

4本のツノで投げる
胸の大2本と小1本、頭の1本。合計4本のツノで相手をはさみ投げ飛ばす。

はねの色　はね（上翅）の色は青銅色で金属光たくがあり美しい。

生息地
ジャワ島など

| 最大 | 約12cm |
| ライバル | ギラファノコギリクワガタ |

意外な一面　暑さに弱いので、直射日光が当たらない、すずしい場所で飼育しよう。

インドネシアのジャワ島、スマトラ島、マレー半島、ベトナムなどに分布しているが、ジャワ島のコーカサスがすべての元となる（原名亜種）。4本のツノをたくみに使って、他の昆虫を投げ飛ばす。

ツメが大きく鋭いので、
持つときに注意が必要。

アジアの
カブトムシ

すずしい場所に暮らす人気ナンバー１コーカサス！

マレーコーカサスオオカブト

別名：スリーホーンビートル（英名）　学名：Chalcosoma chiron kirbyi

| カブトムシ亜科 |
| アトラスオオカブト属 |

攻撃力					
守備力					
素早さ					
珍しさ					
ツノの威力					

▼ここがすごい
ジャワ産よりも希少
で人気

するどいツメ
ツノ以外にも、長い前
脚をふり上げてするど
いツメで攻撃する！

４本のツノで戦う
４本のツノのうち、胸の左右
の２本のツノが丸くカーブ
を描く。４本のツノで投げた
り、ついたりする。

キャメロンハイランド
で入手。うれしいが、
とても寒い。

生息地
マレー半島

最大　約12cm

ライバル　マレーヒラタクワガタ

現地で遭遇！ マレーシアの標高が高い寒い場所
では、夜に街灯に飛んで来ることもある。

マレーシアの標高が高いす
ずしい場所に暮らす。弧
を描く胸のツノの形がかっこよ
く、とても人気。コーカサスは、
「白い雪」という意味を持つギ
リシャ語に由来し、はね（上翅）
の白い光たくから名付けられ
た。

日本にいる昆虫の王者！

カブトムシ

別名：ヤマトカブト　学名：*Trypoxylus dichotomus*

カブトムシ亜科
カブトムシ属

攻撃力	■■■■	守備力	■■	素早さ	■■■
珍しさ	■■	ツノの威力	■■■■■		

▼ここがすごい
相撲でヘラクレスに
勝つことも！

メス。交尾済みのメスに高タンパクゼリーやバナナを与えると卵を多く産む。

2本のツノで投げる
胸のツノと頭のツノで、相手をはさみ投げ飛ばす！

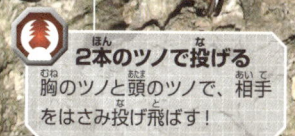

生息地
日本の本土広域

最大　約8cm

ライバル　ノコギリクワガタ

ワンポイント　直射日光の当たらない、すずしい場所で飼育すると長生きする。

日本のカブトムシといえばこちら。雑木林でエサの樹液と、メスのうばい合いでよくケンカしている姿を見られる。オス同士を戦わせる相撲は、江戸時代から行われていたという。昔も今も、日本の人気ナンバー1昆虫にまちがいない。

アジアの
カブトムシ

5本ヅノの荒武者！

ゴホンヅノカブト

別名：ファイブホーンビートル　学名：*Eupatorus gracilicornis*

カブトムシ亜科

ゴホンヅノカブト属

攻撃力	■■□□□
守備力	■■■□□
素早さ	■■□□□
珍しさ	■■■□□
突進の威力	■■■□□

▼ここがすごい
竹の色に擬態している！

竹の色 クリーム色。すみかである竹の色に似ている。

脚の形 オスの長い前脚は細い竹につかまりやすいしくみ。

5本のツノで突進 胸に4本、頭に1本と、合計5本のツノで相手に突進する。

生息地
タイ、ベトナム、インド北東部、中国南部、マレー半島、ラオスなど

最大 約9cm

ライバル パリーフタマタクワガタ

現地で遭遇！ マレーシアの竹林を散策したところ、メス1匹を発見。

アジアに広く分布する5本ものツノを持つ中型のカブトムシ。竹林に生息し、竹の汁をエサにしていることが多い。現在では国内で生体を見ることができるようになったが、図鑑でしか見られなかった時代から人気があった。

もっとも入手しやすい外国産カブトムシ！

アトラスオオカブト

愛称：アトラス　学名：Chalcosoma atlas

カブトムシ亜科
アトラスオオカブト属

攻撃力	守備力	素早さ

珍しさ	ツノの威力

▼ここがすごい
気性が荒く、すぐケンカする

ツノで突く 素早い動きで相手の意表をついて4本のツノで攻撃する。

標本。アトラスオオカブト属で一番初めに学名がついた。
写真：JohnSka

生息地
インドネシア、フィリピン、インド、タイ

最大 約10cm

ライバル スラウェシヒラタクワガタ

びっくり価格！ ミンダナオ島産オス標本（体長11cm）が15万円で売られていたことも！

アトラスオオカブトの仲間は東南アジアに広範囲に分布している。性格はとても荒々しく、素早い動きでツノで攻撃してくる。年間を通して日本でも、比較的安価で販売されているため、入手しやすい外国産カブトである。

■標本サイズ10.7cm
（インドネシア・ボルネオ島産）

気が荒くけんかっ早い
モーレンカンプ
オオカブト

別名：ボルネオオオカブト
学名：*Chalcosoma moellenkampi*

ボルネオ島とラウト島に分布し、オスの最大体長は11cm以上になる、ボルネオ最大のカブト。前胸部が三角で、胸のツノが平行にのびる。

相撲もとるぞ！
ヒメカブト

別名：ギデオンヒメカブト
学名：*Xylotrupes gideon sumatrensis*

スマトラ島のヒメカブトは、特に体が大型になる。タイではヒメカブトの相撲競技がある。日本のカブトより胸のツノが長い。

■標本サイズ 6.6cm
（マレーシア・マレー半島産）

■標本サイズ 8.3cm
（インドネシア・スマトラ島産）

上がオス、
下がメス。
頭部のツノは
メスにもある。
写真：JohnSka

胸に大きなヒサシ
オオツノ
メンガタカブト

別名：メンガタオオカブト
学名：*Trichogomphus lunicollis*

スマトラ島、マレー半島、ボルネオ島などに分布する。オスの最大体長は6.5cm以上になる。胸に太いヒサシのようなツノがある。

■標本サイズ 7.8cm
（マダガスカル島産）

アフリカでもっとも大きい！

ギガスサイカブト

別名：オウサマサイカブト
学名：*Oryctes gigas*

アフリカ大陸とマダガスカル島に分布。オスの最大体長は8cm以上。アフリカ最大のサイカブトだ。

神話から名づけられた

ケンタウルス オオカブト

英名：ケンタウルスビートル
学名：*Augosoma centaurus*

頭には1本、胸には大きなツノと、その左右に1対の突起がある。

アフリカ中西部に分布、学名はギリシャ神話の半人半馬のケンタウルスに由来。オスの最大体長は9cmを超える。

アフリカの小さなカブト

ヘリヘクソドン

別名：ラティシムスヘクソドン
学名：*Hexodon latissimus*

■標本サイズ 9.1cm
（コートジボワール産）

■標本サイズ 2.6cm
（マダガスカル島産）

ヘクソドンの仲間はアフリカのマダガスカル島のみに10種が生息している。オスの最大体長は2.8cm以上。動物の死がいなどを食べる。

※上記のスケールは縮小・拡大されている場合があります。大きさの目安として参照ください。

第3章　カブトムシ

アジアの
カブトムシ

サイズのめやす
（単位：ミリメートル）

0
10
20
30
40
50
60
70
80
90
100
110
120
130
140
150

左右2本はノコギリ状
サンボンツノカブト

別名：パプアサンボンツノカブト
学名：*Beckius beccarii*

ニューギニア島に生息し、オスの最大体長は7cm以上になる。はね（上翅）の色は黒と茶色のものがいる。

■標本サイズ 7.2cm
（ニューギニア島産）

日本にも生息する
サイカブト

別名：タイワンカブト
学名：*Oryctes rhinoceros*

東南アジアなどに広く分布し、日本では沖縄県と鹿児島県の島じまに生育している。オスの最大は5.5cm以上だ。

■標本サイズ 5.1cm
（日本産）

オスもツノのないカブトムシ
セスジタカネ
ミナミカブト

別名：セスジタカネパプアカブト
学名：*Chalcocrates felschei*

ニューギニア島西部に生息する、最大3.7cm以上になるカブト。ツノはないがはね（上翅）に黄褐色のスジ模様がある。

■標本サイズ 3.65cm

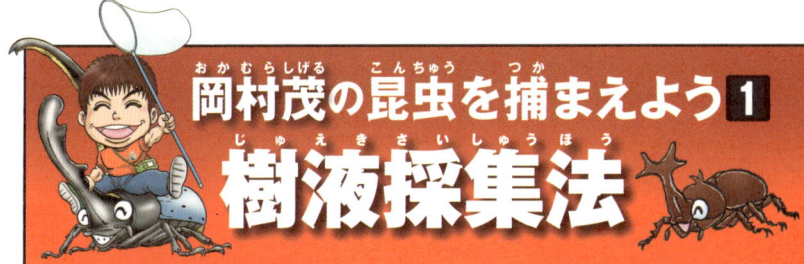

岡村茂の昆虫を捕まえよう 1
樹液採集法

夏の日中に雑木林や公園で

このように樹液が出ているクヌギの木や

コナラの木を探して場所をおぼえておきます。

コナラ

クヌギ

日没後、暗くなってきたらそこへ行ってみます。そのとき、ライトと捕虫網……

虫除けと虫刺されの薬も忘れずに、服装も長ソデ長ズボンにしましょう。

あっ カブトムシだ!!

夜行性のカブトムシやクワガタが樹液に集まって来ます。

採集に行ったら次のことに注意しましょう。

注意点

怪我をしないようにして楽しい採集にして下さいね。

採集禁止の場所に行かない！
ゴミを捨てない！
スズメバチがいたら逃げる！
夜なので騒音を立てない！
マムシにも注意する！

ヘラクレス・リッキー

岡村茂の
世界昆虫旅行記
WORLD INSECT ADVENTURE

🇲🇾 マレーシア 🇧🇴 ボリビア 🇪🇨 エクアドル
🇩🇪 ドイツ 🇫🇷 フランス（リヨン・パリ）

©OKAPURO2016

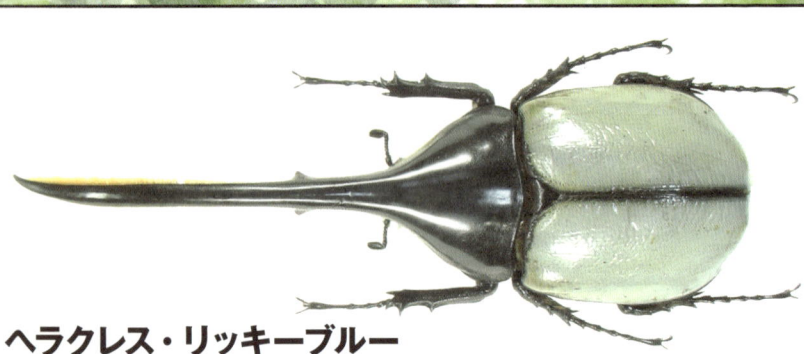

ヘラクレス・リッキーブルー
Dynastes hercules lichyi BLUE TYPE 162mm （エクアドル産）

野外では数千匹に一匹の確率で生まれてくる、はね（上翅）が青い
ヘラクレスオオカブト。青いヘラクレスの標本はとても人気がある。

子どものころ、昆虫採集ばかりしていた私は、海外に日本のカブトムシより大きなものがいることを知り、いつか見つけに行ってみたいと思っていました。

大人になった私は漫画家になり、初めて昆虫旅行でマレーシアへ

マレーシア

標高が高く大型昆虫が多いキャメロンハイランドへ行きました。

キャメロンハイランド

きっと何かいる……

夜に街灯に飛んで来る昆虫を探します。

あれはテイオウゼミ！

「世界最大のセミ」を見つけ写真を撮影後、手に持ってみると、携帯電話のバイブモードのように体を震わせて、大きな鳴き声を出したので驚いて手を放してしまいました。

テイオウゼミの後には、マレーアンタ
エウスオオクワガタのメスや……

コーカサスオオカブトのメスが
飛んで来て、その後ついに……

マレーコーカサスの
特大オスだ!

子どものころに思い描いた
夢のひとつがかなった瞬間でした。

次に行くのは、南米大陸です。
体力をつけるべく、ベンチプレスで
120kg を挙げて体をきたえました。

ボリビア

そして南米のボリビア多民族国へ

40 時間かけて
やっと首都ラパス
に着きました。

ボリビアの首都ラパスでは、
頭が痛くなり、呼吸も苦しい。
ラパスの標高は 3,650 m。
高地でかかる病気「高山病」に
なってしまいました。
それでも目的地に出発！

途中、年間 200 人以上の人が、
車ごと転落するというガケがありました。

恐いよ〜。
でも行かねば！

なんとか無事にガケを越えて、
目的地のコロイコ村へ到着しました。

コロイコ村の近郊にある
小さな村に着き、
村の人達の許可を得て、
光で昆虫を集める
「ライトトラップ」を仕掛けて、
飛んでくる昆虫を待っていると……

大きな羽音とともに、特大型の
サタンオオカブトのオスが飛んで来ました。

アディオス
（さようなら）
ボリビア！

「幻のカブトムシ」と出会えて大満足！
ボリビア旅行は DVD にもなっています。

エクアドル共和国

次に向かったのは同じく南米の
エクアドル共和国です。

ここはエクアドル、
後ろはアマゾン川
です。

マレーシアのときと同じく、夜に街灯の下
を探しているとパラポネラの女王を発見！

今回の目的であるヘラクレスを探して、雨の中ジャングルを歩いていると……

なんのまだまだ！

転んでヒザを痛めてしまいました。ここから引き返すか考えましたが、子ども時代の夢をかなえるために先へ進むことに

その後、川に落ちておぼれかけ……

岩にしがみついて何とか助かりました。

ジャングルを2時間以上歩いて、ついに野生のヘラクレス・リッキーに出会えました。

子ども時代の夢がまたひとつかないました！

フランスのリヨンと

パリの昆虫イベントでもサイン会

帰国してこの体験記が載った昆虫の本が出版されると、ドイツで開催された昆虫イベントでサイン会を行い……

サイン会は日本でも行いました。

昆虫旅行の体験は

私の漫画、図鑑、テレビ、新聞、ラジオ、昆虫イベントとさまざまな仕事で役立ちました。これからも多くの人に、昆虫の面白さを伝えていきたいと思っています。

冒険の旅はまだ終わらない！

4章

こんちゅうかい
昆虫界のトップスター！

クワガタムシ

世界最大のクワガタ！
ギラファノコギリクワガタ

別名：キバナガノコギリクワガタ　学名：*Prosopocoilus giraffa*

- クワガタムシ科
- ノコギリクワガタ属

攻撃力	守備力	素早さ
珍しさ	アゴの威力	

▼ここがすごい
全てのクワガタの中で
最大の大きさになる！

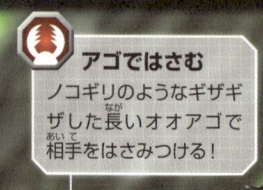

アゴではさむ
ノコギリのようなギザギザした長いオオアゴで相手をはさみつける！

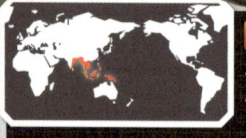

生息地
インドネシア、フィリピン、インド〜マレー半島など

最大　約12cm

ライバル　マンディブラリスフタマタクワガタ

びっくり価格！　11.9cmのオスの標本が、50万円以上で売られていたこともある。

世界に約1500種以上いるクワガタムシの中で、最大の体長になる。中でもインドネシアのフローレス島のものが一番大きくなる。見た目は凶暴そうに見えるが、体が大きく戦う相手が少ないせいか、意外とおとなしい。

▲11.95cmあるギラファ ノコギリクワガタの標本（フローレス島産）。大型のフローレス島産の標本も人気。

ギラファは動物の「キリン」の意味で、長いオオアゴからついたと思われる。

世界の
クワガタ

世界最強のヒラタクワガタ

パラワンオオヒラタクワガタ

別名：パラワンヒラタクワガタ　学名：*Dorcus titanus palawanicus*

クワガタムシ科

ヒラタクワガタ亜属

攻撃力	守備力	素早さ
珍しさ	アゴの威力	

▼ここがすごい
クワガタの中でもっとも強い！

太いアゴではさむ
長くギザギザした太いオオアゴではさむ力は強力。人がはさまれてもかなり痛い。

どっしりした体
体全体に横はばがあり、どっしりと重く簡単に投げ飛ばせないぞ！

生息地
フィリピン：パラワン島

最大　約11cm

ライバル　スマトラオオヒラタクワガタ

意外な一面　南国の昆虫だが寒さに強い。人工飼育で羽化したオスが、1年半生きるなど、長生きな大型クワガタ。

クワガタ同士の相撲では連戦連勝をほこる、最強の大型クワガタ。超強力なアゴで一度はさまれてしまうと勝ち目はない。標本も人気が高く、11cm以上のオスを、「イレブンオーバー」と呼び、探し求める人もいる。

ヒラタクワガタのオス同士の
ケンカ。日本のものは最大体
長7.5cmと小ぶりだ。

世界の
クワガタ

はさむ力は最強クラス！

スマトラオオヒラタクワガタ

別名：スマトラヒラタクワガタ　学名：*Dorcus titanus*

クワガタムシ科

ヒラタクワガタ亜属

攻撃力	守備力	素早さ
珍しさ	アゴの威力	

▼ここがすごい
全クワガタの中で、は
さむ力が最強クラス！

極太のアゴではさむ
太いオオアゴで、一度はさむ
と、なかなかはなさない。

生息地
インドネシア：スマトラ島

最大　約10.3cm

ライバル　パラワンオオヒラタクワガタ

はさまれました　エサ交かんのときに、9cm以上のオス
にはさまれたが、なかなかオオアゴを開かず、激痛だった。

クワガタの中で、もっともは
さむ力が強い仲間のひと
つ。オオアゴだけでなく、アゴが
はえている頭も太く、見るから
に力が強そうに見える。特にス
マトラ島のアチェ州で採集され
るオスは、オオアゴが太い個体
が多く人気が高い。

アフリカ最大のクワガタ！

タランドゥスオオツヤクワガタ

別名：タランドゥスツヤクワガタ　学名：*Mesotopus tarandus*

クワガタムシ科

オオツヤクワガタ属

攻撃力	守備力	素早さ
珍しさ	突進の威力	

▼ここがすごい
全身がツヤツヤ光たくの
ある黒色をしている！

オオアゴで突進する
大きくカーブを描く太いオ
オアゴで、相手に向かって
突進する。

がっちりした体
大きくガッチリとした
体は体重もあり、なか
なか動かないぞ！

生息地
アフリカ中〜西部

最大　約9.4cm

ライバル　ゴライアスオオツノハナムグリ

びっくり価格！ 9cm以上のオスの標本が、オー
クションで40万円以上で落札されたという！

アフリカ大陸で最大のクワ
ガタムシ。オスの成虫はい
かく音を出し、手に持つと携帯
電話のバイブモードのようにブ
ルブルと振動する。そのため「鳴
くクワガタ」と呼ばれることもあ
る。人工飼育もできる人気種の
ひとつ。

世界の
クワガタ

裏も表も、黄金色に輝く人気者

ローゼンベルグオウゴンオニクワガタ

別名：ジャワオウゴンオニクワガタ　学名：*Allotopus rosenbergi*

クワガタムシ科

オウゴンオニクワガタ属

攻撃力	守備力	素早さ
珍しさ	アゴで突く	

▼ここがすごい
オウゴンオニクワガ
夕属で最大になる！

黄金色に輝く
その名の通り体が黄金色で、体の裏側も黄金色だ！

オオアゴで突く
オオアゴの先が3つに分かれていて、そこで相手を突くことも！

生息地

インドネシア：ジャワ島の西部

最大　約8.3cm

ライバル　ギラファノコギリクワガタ

はみ出し情報！　ジャワ島では夜間、光に集まる習性を利用したライトトラップや、幼虫が育つ倒木から採集することが多い。

一度見ると忘れられない、全身が黄金色をした大型クワガタ。湿度が高い場所では、黄金色の体色が黒っぽくなることがある。全身金色のため、生息地では「ゴールデンビートル」と呼ばれることもある。生体、標本ともに人気がある。

クワガタムシ科
ニジイロクワガタ属

攻撃力	守備力	素早さ
珍しさ	すくいあげ	

▼ここがすごい
世界一きれいなクワガタ、ともいわれる！

長寿　人工飼育で羽化したオス成虫が、2年半以上生きていたことがある！

オオアゴですくいあげ　オオアゴを相手の体の下に入れてからすくい投げる！

色　はね、頭、前脚、腹などが七色。はねの赤い模様は、人工飼育だと、緑、黒、紫に近いものもいる。

生息地　オーストラリア北東部、ニューギニア島

最大　約7cm

ライバル　パリーフタマタクワガタ

びっくり価格！　かつて生体1ペアが100万円で売られたという！

全身に金属のような光たくがあり、はね（上翅）に赤い帯状の模様がタテに入っている。先が二股に分かれる、上向きに湾曲したオオアゴも特徴で、ここですくいあげるようにして投げる。死んでも体色が変わらないことから、標本でも人気がある。

世界の
クワガタ

二股のシカのツノのようなオオアゴ！

ペロッティシカクワガタ

別名 ベトナムシカクワガタ　学名 Weinreichius perroti

クワガタムシ科

ベトナムシカクワガタ属

攻撃力	守備力	素早さ
珍しさ	アゴの威力	

▼ここがすごい
かつては幻と言われた珍しいクワガタ！

シカのツノのようなオオアゴ
上から下にカーブを描くオオアゴと、その間にある突起も武器だ！ オオアゴの真ん中にある突起は頭盾と呼ばれる。

生息地
ベトナム南部

最大　約7.8cm

ライバル　フタマタクワガタの仲間

びっくり価格！ オスの標本が世界に数体しかなかったころ、日本で100万円の値がついたという！

ペロッティシカクワガタは、発見された後、長い間わずかしか見つからず、「幻のクワガタ」と言われてきた。近年になって生息している産地が見つかり、日本にも標本だけでなく、生きたクワガタが入ってくるようになった。

世界最大級のミヤマクワガタ！

アクベシアヌスミヤマクワガタ

別名：ユーロミヤマアクベシアヌス　学名：*Lucanus cervus akbesianus*

クワガタムシ科

ミヤマクワガタ属

攻撃力	守備力
珍しさ	アゴの威力

素早さ

▼ここがすごい
迫力ある巨大なオオアゴを持つ

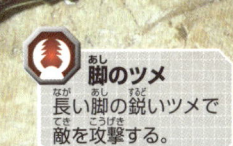
脚のツメ
長い脚の鋭いツメで、敵を攻撃する。

オオアゴではさむ
長く大きなオオアゴで、敵をはさむ。

生息地
トルコ、シリア

最大 約10cm

ライバル ユダイクスミヤマクワガタ

はみ出し情報！ 成虫、幼虫ともに高温に弱く、低温飼育が望ましい。人工飼育では9cm以上の成虫のオスが羽化。

標高2000m以上の高地に生息していることが多い。ミヤマクワガタの仲間では、シリアに生息するユダイクスミヤマクワガタとならび、体長は世界最大級の大きさ10cm以上になる。体は大型だが、成虫の寿命は数ヶ月と短い。

クワガタ

クワガタ界のあばれ者！
マンディブラリスフタマタクワガタ

別名：オオキバフタマタクワガタ　学名：Hexarthrius mandibularis sumatranus

クワガタムシ科

フタマタクワガタ属

攻撃力	守備力	素早さ
珍しさ	アゴの威力	

▼ここがすごい
体長は世界最大級！

長いオオアゴ 長く伸びた
オオアゴの左右に、1対の大き
な内歯があり、破壊力抜群。

仲間 先に学名がつ
いた仲間がボルネオ島に
も生息（原名亜種）。

生息地
インドネシア：スマトラ島

最大 約11.9cm

ライバル ギラファノコギリクワガタ

はみ出し情報！ 手で持とうとするとオオアゴを
向けていかくするので注意。はさまれると痛い。

スマトラ島の高地に生息し
ていることが多い。とて
も気性が荒く、同種だけでな
く、他の昆虫ともよく争い、殺
してしまう。オスの最大体長が
12cm近くになり、ギラファノコ
ギリクワガタに次いで世界最大
級のクワガタだ。

世界の
クワガタ

ホソアカクワガタの王様！

エラフスホソアカクワガタ

別名：オウサマホソアカクワガタ　学名：Cyclommatus elaphus

クワガタムシ科

ホソアカクワガタ属

攻撃力		守備力		素早さ	
珍しさ		アゴの威力			

▼ここがすごい
シカのツノのような
細長いオオアゴ

長いオオアゴ
オオアゴの長さを生かして、相手を自分に近づけずにはさむ。

メタリックグリーンの体色
オスの体色はメタリックグリーンで美しく、赤みを帯びる個体もいる。

生息地
インドネシア：スマトラ島

最大　約11cm

ライバル　スマトラオオヒラタクワガタ

はみ出し情報！　実際にはさまれたが、それほど力はなく、すぐに開いたので、それほど痛くはなかった。

長いオオアゴと、美しい体色から生体、標本ともに人気がある。特に10cmを超えるオスの人気は高い。エラフスには「鹿」という意味があり、オオアゴが鹿のツノのように見えるために、その名がついた。

世界の クワガタ

ツートンカラーの人気者！

パリーフタマタクワガタ

別名：セアカフタマタクワガタ　学名：Hexarthrius parryi paradoxus

クワガタムシ科

フタマタクワガタ属

攻撃力	守備力	素早さ
珍しさ	アゴの威力	

▼ここがすごい
体の色は、赤みをお
びて美しい！

二股のオオアゴではさむ
オオアゴの先が二股に分かれ、は
さまれると痛い。

ツートンカラー
頭と胸の部分は黒、はね
（上翅）が黒と赤のツー
トンカラーだ！

生息地
インドネシア：スマトラ島、
マレー半島

最大 約9.6cm

ライバル マンディブラリスフタマタクワガタ

現地で遭遇！ マレーシアのジャングルで、木の高い場所
にいるオスを発見。採集はできなかったが、感動的だった。

日本ではセアカフタマタクワ
ガタの名前でなじみが深
い。その名前が表す通り、二股
のオオアゴとやや赤みをおびた
はねの色が特ちょう。ツートンカ
ラーの美しい体色と、日本への
輸入量が多いこともあり、人気
のあるクワガタだ。

世界のクワガタ

美しい金色に輝く！

パプアキンイロクワガタ

愛称 パプキン 学名 *Lamprima adolphinae*

クワガタムシ科

キンイロクワガタ属

攻撃力 ▮▮▮▯▯	守備力 ▮▮▮▮▯	素早さ ▮▮▮▮▮
珍しさ ▮▮▯▯▯	アゴで突く ▮▮▮▯▯	

▼ここがすごい
全身が金属のような
光たく！

多彩なカラー オス
の体色は赤、緑、青、銅
色などがあり、メスの色も
多彩だ！

オオアゴで突く
ギザギザの大きくカー
ブしたオオアゴで敵を
攻撃する！

生息地
ニューギニア島
（インドネシアとパプアニ
ューギニア）

最大 約5.4cm

ライバル ニジイロクワガタ

ワンポイント 水分をふくませた発酵済みマットに産卵木
をうめ込み、ペアとエサを入れておくと産卵することが多い。

「パプキン」の愛称で人気
がある小型クワガタ。
前脚についているおうぎ形の
突起を使い、植物の茎を切って
汁を吸う。飼育中は昆虫ゼリー
などをよく食べ、食欲おうせい
で、青や紫、赤や黒に近い成
虫が羽化することもある。

世界の
クワガタ

謎の三角模様！
ラコダールツヤクワガタ

別名：ラコデールツヤクワガタ　学名：Odontolabis lacordairei

クワガタムシ科	攻撃力	守備力	素早さ
ツヤクワガタ属	珍しさ	アゴの威力	

▼ここがすごい
頭部にオレンジ色の
三角模様がある！

オオアゴではさむ
オオアゴの先に二つの大きな内歯があり、はさんだ相手を逃さない！

体の色
はね（上翅）は美しいオレンジ色に、中央部に細く黒色のたて模様がある。

生息地
インドネシア：スマトラ島

最大　約9cm

ライバル　バリーフタマタクワガタ

はみ出し情報！　美しい体色と、大型のオスの格好いい形が魅力。安価で入手できるのも人気の秘密。

スマトラ島の標高1000m以上の場所に生息することが多い。黒い頭部にオレンジ色の三角模様があるが、なぜあるのかはいまだに解っていない。エサ場ではオスがメスを守る優しい一面もある。通年で生体が日本国内に入荷する人気種。

胴体より長いオオアゴ！

コガシラクワガタ

別名：チリクワガタ
学名：*Chiasognathus granti*

長くわん曲した、巨大なオオアゴを持つ。

チリ、アルゼンチンに生息し、オスの最大体長は約9cm。長いオオアゴは、オス同士の争いや、メスを守るために発達したと思われる。

■標本サイズ 8.85cm
（チリ産）

■標本サイズ 3.3cm
（ブラジル産）

■標本サイズ 3.35cm
（南アフリカ産）

頭でっかちなクワガタ

アウストラリス
オオズクワガタ

別名：オオズクワガタ
学名：*Macrocrates australis*

ブラジル南東部に生息し、オスの最大体長は約3.5cm。かつてオスの標本が70万円で売られたとても珍しいクワガタ。

クワガタに見えない不思議な形

プリモスマルガタ
クワガタ

別名：コロフォンプリモス
学名：*Colophon primosi*

南アフリカのケープ州に生息し、オスの最大体長は約3.5cm。マルガタクワガタ属で最大の大きさになる。珍しく、奇妙な姿をしている。

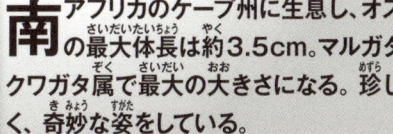

※上記のスケールは縮小・拡大されている場合があります。大きさの目安として参照ください。

第4章　クワガタムシ

■標本サイズ 3.05cm（コンゴ民主共和国産）

カブトムシのようなツノを持つ
カザリツノクワガタ

別名：ミツノツツクワガタ
学名：*Dendezia renieri*

横から見ると
ツノの形がよくわかる。

コンゴ、ルワンダに分布し、オスの最大体長は約3cm。クワガタなのにカブトムシのようなツノがあるのが大変珍しい。

原寸
Actual
Size

シカのツノのようなオオアゴ
ウエストウッド
オオシカクワガタ

別名：オオシカクワガタ
学名：*Rhaetus westwoodi*

インド北東部、ネパール、ブータンに分布し、オスの最大体長は約9.5cm。その名のとおりシカのツノのようなオオアゴを持つ人気種。

■標本サイズ 9.35cm（インド産）

■標本サイズ 1.5cm
（ロシア産）

クワガタなのにツノがある

イッカククワガタ

別名：サイクワガタ
学名：*Sinodendron cylindricum*

シベリア〜ヨーロッパに分布し、オスの最大体長は約1.5cm。オスの頭部には、サイカブトのような一本のツノがある。

一本のツノが
生える。

先が二股のオオアゴを持つ

ステインヘイル
クビボソツヤクワガタ

別名：クビボソツヤクワガタ
学名：*Cantharolethrus steinheili*

ペルー、コロンビアに分布し、オスの最大体長は約6.3cm。変わったオオアゴと、漆をぬったようなツヤが印象的。

■標本サイズ 6.3cm
（ペルー産）

大きな頭とわん曲したオオアゴ

カンターミヤマクワガタ

別名：カントリーミヤマクワガタ
学名：*Lucanus cantori*

インド、ブータン、ネパールなどに生息する。特に頭の横はばが広く、ノコギリクワガタのような形のオオアゴを持つ。■標本サイズ 8.6cm（インド産）

サイズのめやす
（単位：ミリメートル）

0
10
20
30
40
50
60
70
80
90
100
110
120
130
140
150

第4章 クワガタムシ

※上記のスケールは縮小・拡大されている場合があります。大きさの目安として参照ください。

ノコギリクワガタ

日本の夏の人気者！

別名：スイギュウ　学名：Prosopocoilus inclinatus

クワガタムシ科

ノコギリクワガタ属

攻撃力			守備力			素早さ		
珍しさ			アゴの威力					

▼ここがすごい
大きくカーブするオオ
アゴ！

**湾曲したオオアゴで
はさむ** ノコギリのような
内歯があるオオアゴで、は
さんだ相手を逃さない！

黒や赤褐色
体色は黒から赤褐色ま
で、特に赤い色が強く出
ているオスは美しい。

生息地
日本：本州、九州、四国、
対馬、種子島、伊豆大島、
利島、佐渡など

最大	約7.7cm
ライバル	カブトムシ

はみ出し情報！ 体が大きくなるほどアゴは大き
く水牛のツノのようにカーブを描き格好いい！

6月〜10月まで、野外で観
察することができる人気
クワガタ。夏休みに昆虫採集に
行くと、このクワガタに出会うこ
とがよくある。採集法には樹液
採集法や、朝早くクヌギやコナ
ラの木をゆらして落とすやり方
がある。

日本産クワガタの王様！

オオクワガタ

愛称：オオクワ　学名：*Dorcus hopei binodulosus*

クワガタムシ科
オオクワガタ属

攻撃力		守備力		素早さ	
珍しさ		アゴの威力			

▼ここがすごい
日本のクワガタの中
で人気ナンバー1！

オオアゴではさむ
大きなオオアゴと内歯を
使い、相手を力強くはさ
む。力は強い。

長寿なクワガタ
成虫に羽化してから、
4年以上生きることが
ある。

生息地
日本：本州、九州、四国、
対馬、佐渡、北海道、朝鮮
半島など

最大　約7.7cm

ライバル　カブトムシ

はみ出し情報！　人工飼育でオオアゴが太いオスが羽化す
ることがあるが、その特ちょうが遺伝することが多いため人気。

おとなしくあまり好戦的で
はないが、いざ戦うと強さ
を発揮する。生息数が減り捕獲
は簡単ではないが、人工飼育の
成虫や幼虫が販売されている。
幼虫から羽化させることも難し
くない。産地別に飼育する楽し
みもある。

日本の
クワガタ

日本の大自然が生んだ戦士！

ミヤマクワガタ

愛称 : ミヤマ　学名 : *Lucanus maculifemoratus*

クワガタムシ科

ミヤマクワガタ属

攻撃力	守備力	素早さ
珍しさ	アゴの威力	

▼ここがすごい

よく見ると、全身に黄金色の体毛がある！

空からアタック

飛ぶ能力が高く、空からも相手を攻撃する！

オオアゴは3タイプ

オオアゴには、フジ、キホン、エゾ型があり、内歯の大きさなどで区別する。

生息地
日本各地

最大　約7.9cm

ライバル　ノコギリクワガタ

ワンポイント　飼育は、発酵済みマットに、産卵木を入れずにペアで産卵させる。

5月～9月まで、成虫が野外活動をする。樹液、灯下の両方で採集できる。名前のミヤマには深い山という意味があり、自然豊かな標高が高い場所に生息する。ノコギリクワガタと同じ標高の低い場所に生息することもある。

原寸
Actual Size

身近なクワガタ！
コクワガタ
愛称：コクワ
学名：*Dorcus rectus*

コクワガタという名前だが、日本のクワガタでは中型クラス。

日本の広い範囲に分布し、オスの最大体長は約5.4cm。もっとも普通に見られるクワガタで飼育もしやすい。

■標本サイズ
5.1cm

■標本サイズ
7.1cm

力強いオオアゴ！
ヒラタ クワガタ
愛称：ヒラタ
学名：*Dorcus titanus pilifer*

原寸
Actual Size

日本の関東から南にかけて分布が多く、オスの最大体長は約7.5cm。名前のとおり体が薄く平たい。はさまれると痛い。

根元が太いオオアゴ！
ネブトクワガタ
愛称：ネブト
学名：*Aegus subnitidus*

本州、四国、九州などに分布し、オスの最大体長は約3.3cm。人工飼育もできる小型クワガタ。

■標本サイズ オス 3cm

※上記のスケールは縮小・拡大されている場合があります。大きさの目安として参照ください。

サイズのめやす
（単位：ミリメートル）

シカのツノのようなオオアゴを持つ！

アマミシカクワガタ

愛称：アマミシカ
学名：*Rhaetulus recticornis*

奄 美大島と徳之島に分布し、オスの最大体長は約4.8cm。名のとおりシカのツノのようなオオアゴを持つ。

■標本サイズ 4.7cm

■標本サイズ 5.8mm

日本の最小クワガタ！

マダラクワガタ

愛称：マダラ
学名：*Aesalus asiaticus*

本 州、北海道、九州、四国などに分布し、オスの最大体長は約6mm。日本でもっとも小さいクワガタムシ。

体のわりに小ぶりなオオアゴ！

オキナワマルバネ
クワガタ

別名：オキマル
学名：*Neolucanus okinawanus*

沖 縄本島に生息し、オスの最大体長は約7cm。成虫は9月から活動を始めることが多い。

■標本サイズ

6.6cm

※上記のスケールは縮小・拡大されている場合があります。大きさの目安として参照ください。

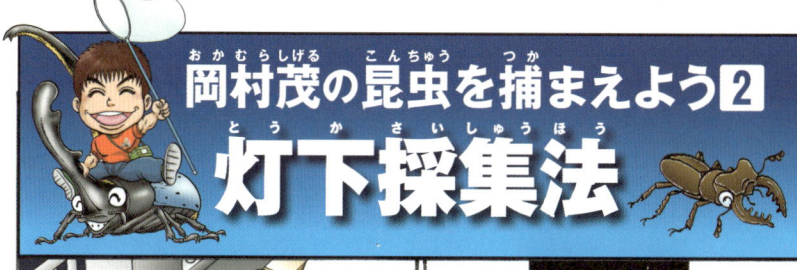

岡村茂の昆虫を捕まえよう❷
灯下採集法

ガやハムシがたくさん落ちているぞ

その下を、ライトを使って探してみます。

虫刺され予防のため長ソデ長ズボン

夏の夜、街灯には夜行性の昆虫が飛んできます。

標高が高い場所ではミヤマクワガタが飛んで来ることがあります。

ミヤマクワガタのオスがいた！

他にもこんなカブトやクワガタが飛んでくることがあります。

カブトムシ
ノコギリクワガタ
コクワガタ
スジクワガタ

道路を走る車にくれぐれも注意して採集しましょう！

コガネムシ
ハナムグリ

見た目は、輝くカブトムシ！

カブトハナムグリ

愛称：テオドシア　学名：*Theodosia viridiaurata*

甲虫目・コガネムシ科
ハナムグリ亜科

攻撃力	守備力	素早さ
珍しさ	ツノの威力	

▼ここがすごい
輝くヘラクレスカブトのような姿。

⊙ **カブトムシのようなツノ**
頭と胸に2本の立派なツノを持っている。

◀標本。緑や赤の光たくのものがいる。
写真：Hectonichus

⊙ **光たくのある緑**
金属光たくのある緑色をしている。ツノや背中、脚は赤みをおびる。

➡ **空を飛ぶ**
飛翔能力が高く、よく飛び回る。

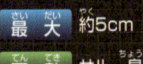

生息地
インドネシア・カリマンタン島の山岳地帯

最大 約5cm

天敵 サル、鳥類

はみ出し情報！ 日本では飼育が禁止されている。安定した繁殖はまだ成功していない。

ツノを持つハナムグリの仲間は他にもいるが、頭部だけでなく胸にもツノがはえているのはカブトハナムグリのみ。昼行性で、山肌を飛び回っていることが多い。長い脚で細い枝を歩いて、木の先に咲く花の蜜を吸う。

コガネムシ・ハナムグリの仲間

■標本サイズ 3.5cm（エクアドル産）

エメラルド色の金属光たく

アシナガミドリ ツヤコガネ

別名：ミドリツヤコガネ
学名：*Chrysophora chrysochlora*

原寸
Actual Size

南米のエクアドル、コロンビアなどに分布し、最大体長は約3cm以上になる。宝石のように輝く美しいコガネだ。

とてつもなく長い前脚を持つ

パリーテナガコガネ

別名：ニシキテナガコガネ
学名：*Cheirotonus parryi*

インド、ネパール、タイ、ミャンマー、ラオスに生息し、オスの最大体長は約7.1cm。はね（上翅）のにしき模様が美しい。

■標本サイズ 7.1cm（タイ産）

前脚と胴が長いコガネムシ

ドウナガテナガコガネ

別名：セラムドウナガテナガコガネ
学名：*Euchirus longimanus*

インドネシアのスラウェシ島、マルク諸島に分布し、オスの最大体長は8.5cm。大型は標本で人気がある。

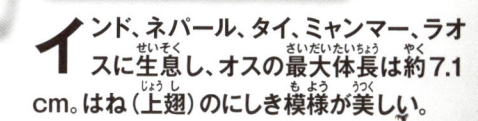

■標本サイズ 8cm（セラム島産）

サイズのめやす
（単位：ミリメートル）

0
10
20
30
40
50
60
70
80
90
100
110
120
130
140
150

※上記のスケールは縮小・拡大されている場合があります。大きさの目安として参照ください。

コガネムシ
ハナムグリ

原寸
Actual
Size

見ると幸福になる!?

テイオウナンベイダイコクコガネ

別名：インペラトールダイコクコガネ
学名：*Phanaeus imperator*

■標本サイズ 2.5cm
（ボリビア産）

南米のアルゼンチン、ボリビアなどに生息する、最大体長は約2.5cm。体の美しさから「幸運の虫」と呼ばれている。

はねが青緑色のテイオウナンベイダイコクコガネ。大きなツノを持つ。

写真：Udo Schmidt

サイズのめやす
（単位：ミリメートル）

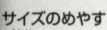

0
10
20
30
40
50
60
70
80
90
100
110
120

■標本サイズ 8.65cm（ウガンダ産）

ノコギリ状のツノを持つ

クビワオオツノカナブン

別名：トルクァタツノカナブン
学名：*Mecynorhina torquata ugandensis*

コンゴ、ウガンダなどに分布し、オスの最大体長は約9cm。生息する地域により体色に変化がある。

コガネムシとハナムグリのちがいは？

頭とはねのつなぎ目を見てみよう。大きな三角はハナムグリ。小さな丸型はコガネムシだ。ちなみに、カナブンは、ハナムグリの一種なので、三角の形をしている。

甲虫のなかでもっとも重い
ゴライアスオオツノ
ハナムグリ

別名：ゴラオイアスハナムグリ
学名：*Goliathus goliatus*

アフリカ各地に分布し、オスの最大体長は約11cm。100g近くになる体重は、甲虫では最重量となる。

■標本サイズ
ゴライアス型（黒色）
10.4cm（コンゴ産）

■標本サイズ
クアドリマクラトゥス型（白色）
10cm（カメルーン産）

モノトーンのハナムグリ
レギウスオオツノ
ハナムグリ

別名：オウサマオオツノハナムグリ
学名：*Goliathus regius*

ギニア、コートジボアール、ナイジェリアなどに分布。オスの最大体長は約11.5cm。大型のオス標本は海外でも人気がある。■標本サイズ 10.3cm（コートジボアール産）

サイズのめやす
（単位：ミリメートル）

0
10
20
30
40
50
60
70
80
90
100
110
120
130
140
150

コガネムシ・ハナムグリの仲間

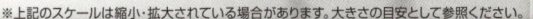
※上記のスケールは縮小・拡大されている場合があります。大きさの目安として参照ください。

119

人のくらしに役立つムシ

見た目は怖いけど実はいい奴から、生活になくてはならない虫まで、人のくらしに役立っている「益虫」たち大集合。ただし、見る視点や、状況によっては、同じ虫が害虫になることも。

役立ち度：5
農作物を受粉させ、ハチミツを作る

🌼 ミツバチ

別名：ハニービー
学名：*Apis*

世界に9種が知られているが、セイヨウミツバチは全世界でハチミツを作る養蜂のために飼育され、農作物の受粉に役立っている。もはや人間にとってかかすことのできない虫だ。

役立ち度：3
害虫を食べる小さな甲虫

🌼 テントウムシ

別名：天道虫
学名：*Coccinellidae*

世界広域に分布している、1cm弱の小型甲虫のなかま。農作物に被害を与えるアブラムシを食べてくれる益虫としておなじみで、農家に販売されている。カラフルな色は毒を持つ警告色だ。

⚙ オカダンゴムシ

別名：コロコロムシ
学名：*Armadillidium vulgare*

世界中に分布するおなじみの虫で、最大体長は約1.5cmで、脚は14本。枯葉やくさった木などを食べて分解し、土の栄養分になるフンをする。ただし、花などの植物を食べ、害虫にされることもある。

役立ち度：4

害虫駆除のエキスパート！

役立ち度：2

気持ち悪いけど、実はいい虫

⚙ アシダカグモ

別名：コンノケン
学名：*Heteropoda venatoria*

あみをはらずに歩き回るクモとしては、日本最大級の大きさで、最大体長は約3cmになる。人間に害はなく、素早い動きと長い脚で、害虫であるゴキブリなどを捕まえて食べてくれる。

⚙ ゲ ジ

別名：ゲジゲジ
学名：*Scutigeromorpha*

日本広域に分布する。脚は全部で15対あり、最大体長は約3cmになる。ものすごく素早い動きと、持ち前のジャンプ力で、ゴキブリを捕まえて食べてくれる。毒を持つが、毒性は弱く、人をおそうことはない。

役立ち度：5
糸の原料となる貴重な虫

⚙ カイコ

別名：シルクワーム
学名：*Bombyx mori*

カイコガと呼ばれるガの幼虫。その幼虫が作るマユから繊維（シルク）を作ることができる。カイコを育てて生糸を作る養蚕の歴史は古く、約5000年も前から行われていたという。人類の歴史においても、重要な役割を担った虫だ。

役立ち度：2

貴重なキノコの養分となる

コウモリガの幼虫を養分にして育つ冬虫夏草。

写真：Eric Steinert

⚙ コウモリガの幼虫

別名：ナミコウモリ
学名：*Endoclita excrescens*

日本、朝鮮半島、ロシア、中国に生息。コウモリガの幼虫に寄生するキノコの一種である冬虫夏草の養分となる。コウモリガの幼虫自体は、樹木を食害する害虫とされる。

写真：L. Shyamal

乾燥させたものが漢方の生薬や中華料理の薬膳食材に利用される。

🔩 カイガラムシの仲間

樹木に被害を与える害虫カイガラムシのなかには、とても役立つムシもいます。

オスの幼虫が出す成分がロウソクになる

役立ち度：3

体の中の色素成分が大活やく

🔩 コチニールカイガラムシ

別名：エンジムシ
学名：*Dactylopius coccus*

中南米に分布し、古くはアステカやインカなど古代文明でも塗料に使われた。成虫の体長は約3mmほどで、体内の赤い色素成分を使用する。染色用色素や食品着色料、化粧品などに利用。

役立ち度：3

写真：Vahe Martirosyan

コチニールカイガラムシが発生したサボテンの葉。

メスの幼虫。

写真：Vahe Martirosyan

🔩 イボタロウムシ

別名：イボタロウカイガラムシ
学名：*Ericerus pela*

日本広域、中国、ヨーロッパに分布し、オスの成虫の体長は約3mm。オスが分泌する物質「いぼた蝋」は、古くからロウソクの原料や銅製品、織物のツヤ出し、印刷機のインクなどに使用されている。

褐色の丸いものはメスの成虫。赤褐色のオスの幼虫が白色のロウ物質を分泌する。

メスの分泌物が原料になる

役立ち度：4

ラックカイガラムシのメスの分泌物がついた枝。

写真：Jeffrey W. Lotz

🔩 ラックカイガラムシ

別名：ラックムシ
学名：*Laccifer lacca*

東南アジア、インドなどに分布し、体長は約1mm。メスの分泌物から天然プラスチックのシェラックが作られ、飲み薬、ガム、チョコレートのコーティングなどに使われる。

◀ラックカイガラムシ（メス）

▼分泌物からシェラックが作られる。

世界の
カミキリ

赤鬼ならぬルリ色の鬼？

ルリイロオニカミキリ

別名：フレンディオニノコギリカミキリ　学名：*Psalidognathus friendi*

甲虫目・カミキリムシ科

ノコギリカミキリ属

攻撃力		守備力		素早さ	
珍しさ		アゴの威力			

▼ここがすごい
体全体がキラキラと
光っている！

全身が輝く 全身が美しい赤や緑の金属のような光たくで彩られている。

◀標本は8.85cmで、本種の最大クラス！

原寸
Actual
Size

アゴではさむ クワガタのような大きなアゴで相手を攻撃する。

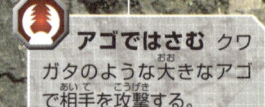

生息地
南米の熱帯雨林

最大	約8.8cm
天敵	オオトカゲ、グンタイアリなど

はみ出し情報！ はね（前翅）のふちと後ろ脚、腹部と後ろ脚をこすり「シュッシュッ」と音を出す。

全身が緑の金属のような光たくでおおわれ、見る角度によって赤色や緑色などにも見える。一見すると美しいカミキリだが、頭部と胸部には、ツノのようなトゲがあり、その姿から「オニ」の名がついたと思われる。

カミキリムシの仲間

サイズのめやす
（単位：ミリメートル）

世界最大のどでかいカミキリムシ
タイタンオオウスバカミキリ

別名：オバケオオウスバカミキリ
学名：*Titanus giganteus*

南米の熱帯雨林に分布し、オスの最大体長が約17cmにもなる世界最大のカミキリムシ。ヨーロッパで標本に人気があり、乱獲で生息数が減り希少種に。

かつて16cmの標本に、80万円の値が付いていたという。

■標本サイズ
オス 15.4cm（ギアナ産）

■標本サイズ
オス 16cm（コロンビア産）

オオアゴを持つ世界最長のカミキリムシ
オオキバウスバカミキリ

別名：マクロドンテノコギリカミキリ
学名：*Macrodontia cervicornis*

南米の熱帯雨林に生息し、オスの最大体長が約16.5cmになる。オオアゴの長さは世界最長だ。はね（上翅）の模様が美しく、標本が人気。

生息地では現地住民が、この幼虫を貴重なタンパク源として食べているという。

※上記のスケールは縮小・拡大されている場合があります。大きさの目安として参照ください。

ものすごく長い前脚を持つ
テナガカミキリ

英名：ハーレクィンビートル
学名：*Acrocinus longimanus*

南米の熱帯雨林に分布し、最大体長は約7cmになる。オスは長く伸びた前脚が特ちょうで、この前脚は交尾の前後のメスを、他のオスから守るためという説がある。

サイズのめやす
（単位：ミリメートル）

0
10
20
30
40
50
60
70
80
90
100
110
120
130
140
150

カニムシという小さなムシが背中などに乗っていることがある。写真：M103

■標本サイズ 6.85cm
（ペルー産）

オスはものすごく長い触角を持つ
ウォーレス
シロスジカミキリ

■標本サイズ
オス 7.8cm
メス 5.9cm
（ニューギニア島産）

別名：ウォーレスヒゲナガカミキリ
学名：*Batocera wallacei*

ニューギニア島に生息し、オスの最大体長は約8cm。長い前脚はメスをガードする「メイトガード」、長い触角は弱い視力をおぎないメスやエサを探すために進化したと思われる。

オスの触角の長さは約20cmになる。メスはオスを待つためか、触角がより短い。

見つかるのがオスばかりで、メスは大変珍しい。メスの標本価格はオスの10倍という。

■標本サイズ オス 6.05cm（ブラジル産）

エイリアンのような姿をした
ケラモドキカミキリ

別名：エイリアンカミキリ
学名：*Hypocephalus Armatus*

ブラジルのみに生息する珍種。オスの最大体長は約6cm。ケラに姿が似ているところからこの名がついた。

※上記のスケールは縮小・拡大されている場合があります。大きさの目安として参照ください。

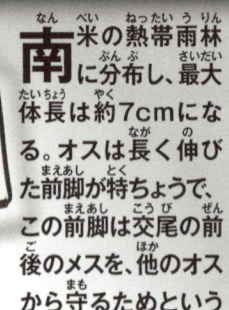

5章

思わずうっとり！

美しすぎる虫たち

美しすぎる
虫たち

本物のプラチナのような輝き

プラチナコガネ

別名：ジュエルビートル　学名：Chrysina

甲虫目・コガネムシ科

スジコガネ亜科

攻撃力		守備力	素早さ
珍しさ		鏡面効果	

▼ここがすごい
全身が美しい金属の
ような光たく

景色を映り込ませる
鏡のように周りの景色を体に
映り込ませてカムフラージュ
する。

生息地
南米

最大	約3cm
天敵	鳥類

はみ出し情報！　森の宝石と呼ばれるプラチナコ
ガネ。さまざまな色の仲間がいる。

プラチナコガネの仲間は、50種類以上が確認されているが、その生態についてはほとんどわかっていない。表面の色は実際に色がついているわけではなく、光を反射することで作られている（構造色）。体全体が本物のプラチナのように輝く。

こいつも
仲間！

南米のエクアドルのウォルフブ
ラチナコガネ、体長約2.5cm。

コスタリカ産のアウリガンスプラチナコガネの標本。体長
3cm（左）、3.1cm（右）。同じ仲間でも色が異なる。標本
としては赤色の方が価値が高い。

第5章　美しすぎる虫たち

0
10
20
30
40
50
60
70
80
90
100
110
120
130
140
150

※上記のスケールは縮小・拡大されている場合があります。大きさの目安として参照ください。

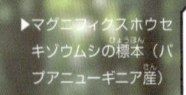

美しすぎる
虫たち

甲虫界の宝石！

ホウセキゾウムシ（マグニフィクスホウセキゾウムシ）

別名：ジュエルウィービル　学名：Eupholus magnificus

甲虫目	攻撃力	守備力	素早さ
ゾウムシ科	珍しさ	目くらまし	

▼ここがすごい
体色のバリエーションが多い！

▶マグニフィクスホウセキゾウムシの標本（パプアニューギニア産）

輝く体で目をくらます！

鳥などの天敵の目をくらますとともに、「自分は毒を持っているぞ！」という警告色でもある。実際には体内に毒はない。

生息地

インドネシア、ニューギニア島など

最大 約3cm

天敵 鳥、アリ、トカゲ、カエルなど

はみ出し情報！ アクセサリーなどの装飾品に使われることもあり、標本も人気がある。

外皮に透明な薄い膜が何層も重なり、この層に光が通るときに特殊な反射が起こって、美しい光たくが生まれている。タマムシやプラチナコガネと同じ構造だ。口の部分が長細い形をしていることが、ゾウムシという名前の由来になっている。

こいつも仲間！

原寸
Actual Size

チェブロラ
ホウセキゾウムシ
学名：*Eupholus chevrolati*
標本サイズ：体長 2.8cm

（インドネシア：アル諸島産）

ベネッティー
ホウセキゾウムシ
学名：*Eupholus bennetti*
標本サイズ：体長 2.65cm

（パプアニューギニア産）

ショーエンヘリー
ホウセキゾウムシ
学名：*Eupholus schoenherri*
標本サイズ：体長 2.5cm

（インドネシア：西パプア州産）

コンゲスタスパボニウス
カタゾウムシ
学名：*Pachyrrhynchus congestus pavonius*
標本サイズ：体長 1.6cm

（ルソン島産）

オービフェル
カタゾウムシ
学名：*Pachyrrhynchus orbifer ssp.*
標本サイズ：体長 1.5cm

（ルソン島産）

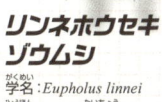

リンネホウセキ
ゾウムシ
学名：*Eupholus linnei*
標本サイズ：体長 2.6cm

（インドネシア：カイ諸島産）

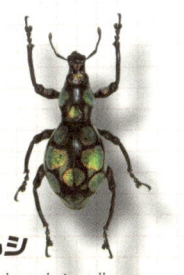

コンゲスタス
オセラトゥス
カタゾウムシ
学名：*Pachyrrhynchus congestus ocellatus*
標本サイズ：体長 1.7cm

（ルソン島産）

テイラー
カタゾウムシ
学名：*Pachyrrhynchus taylori metallescens*
標本サイズ：体長 2.1cm

（レイテ島産）

第5章　美しすぎる虫たち

美しすぎる
虫たち

毒を持つ輝く昆虫

ヨーロッパミドリゲンセイ

英名:スパニッシュフライ　学名:*Lytta vesicatoria*

甲虫目

ツチハンミョウ科

攻撃力	守備力	素早さ
珍しさ	毒	

▼ここがすごい
外見は美しいが、毒
を持つ

☠ **体内に毒がある** 体内
にオオツチハンミョウ(P45)
と同じ「カンタリジン」とい
う毒を持つ。

生息地
欧州など

最大　約2.5cm

天敵　アリなど

はみ出し情報！ カンタリジンは、漢方薬の材料
や、興奮剤などとしても利用されている。

スパニッシュフライや、スペ
インバエとも呼ばれるが、
ハエの仲間ではなく、甲虫の仲
間。体内にある「カンタリジン」
という毒が、人間の皮膚につく
と激しい痛みと水ぶくれを引き
起こす。薬などに活用されるこ
ともある。

最も美しいハムシのひとつ

モモブトオオルリハムシ

別名：オオモブトハムシ　学名：*Sagra buquetti*

甲虫目

ハムシ科

攻撃	守備力	素早さ
珍しさ	キック力	

▼ここがすごい
キック力が強い！

キック いざとなったら太い後ろ脚で相手にキックする。

◀標本。体長3.35cm。

瑠璃色の体 その名の通り瑠璃色の体色と赤い模様がとても美しい。

生息地
東南アジア

最大　約3.5cm

天敵　鳥など

はみ出し情報！ 美しい体色から標本でも人気。モモブトハムシの方がより多く見られる。

モモブトハムシの仲間では最大級の大きさで、太く大きく発達した後ろ脚を持っている。後ろ脚は、オスの方がより大きく発達し、敵に対してキックをすることもある。体の表面は、緑色や赤に変化する光たくがある。

美しすぎる
虫たち

きれいで役立つ優れ虫！

タマムシ

別名：ヤマトタマムシ　学名：*Chrysochroa fulgidissima*

甲虫目

タマムシ科

攻撃力		守備力		素早さ	
珍しさ		反射			

▼ここがすごい
体色が反射する！

美しいライン メタリックグリーンに赤いラインが入りとても美しい！

光に反射 金属光たくの体を光に反射させて相手をほんろうする！

生息地
日本、中国、台湾、ベトナム、ラオス

最大　約4.5cm

天敵　鳥など

はみ出し情報！ 「タマムシをタンスに入れておくと着物が増える」という言い伝えが日本にあるが、筆者はタマムシのはね（上翅）をタンスで発見。

体の美しい金属色は、太陽の光に反射して輝き、天敵の鳥から身を守っているという説がある。このような昆虫の体のしくみは、ステンレス製の製品などに応用されている。寿命は短く、成虫で約2ヶ月ほどしか生きられない。

こいつも仲間！

ムモンオオルリタマムシ

学名：*Megaloxantha concolor*

■標本サイズ
7cm
（マレーシア産）

マレー半島に生息し、最大体長は約7.5cmになる世界最大級のタマムシ。

オビモンハデルリタマムシ

学名：*Chrysochroa toulgoeti*

■標本サイズ
4.2cm
（マレーシア産）

マレー半島に生息し、最大体長は約4.5cm。はね（上翅）に黄色い帯模様がある。

キベリルリタマムシ

学名：*Chrysochroa limbata*

ボルネオ島に生息し、最大体長は約5.5cm。黄色と緑色が美しい種だ。

■標本サイズ
5.3cm
（ボルネオ島産）

■標本サイズ
7cm
（パラワン島産）

オオルリタマムシ

学名：*Megaloxantha bicolor ssp.palawanica*

フィリピンのパラワン島に生息し、最大体長は約7.5cm。この仲間は熱帯アジアに広く分布している。

※上記のスケールは縮小・拡大されている場合があります。大きさの目安として参照ください。

美しすぎる
虫たち

日本の初夏の風物詩
ゲンジボタル

英名：ファイアフライ　学名：*Luciola cruciata*

甲虫目
ホタル科

攻撃力		守備力		素早さ	
珍しさ		発光			

▼ここがすごい
お尻が発光する！

発光 メスへのサインのほかに、発光して相手に「毒があるから食べないで」と警告することもある。

色 胸のピンクとはねの黒のツートンカラーが美しい。

◀発光するゲンジボタル。国内には40種のホタルがいる。

生息地
日本の本州、四国、九州など

最大 約1.5cm

天敵 鳥、クモ、カエル、魚など

はみ出し情報！ 平家に負けた源 頼政が、亡霊になりホタルの姿で戦う伝説から名がついたとされる。

日本に生息する約40種類のホタルの中では大型のもの（種）。幼虫は川や水田でカワニナを食べて育ち、幼虫は体長2cmになる。成虫は5月から6月にかけて発生し、夜活動する。水がきれいな場所でしか生息できない。

昆虫の中でもっとも強い光を放つ

シロアリヒカリコメツキムシ

別名：ヒカリコメツキ　学名：*Pyrearinus termitiluminans*

甲虫目

コメツキムシ科

攻撃力	██	守備力	██	素早さ	███
珍しさ	██	発　光	████		

▼ここがすごい
光が一番強い！

発光 シロアリの巣で発光する幼虫たち。成虫は胸の2ヶ所と腹部の合計3ヶ所も光り、相手をかく乱する！

発光するシロアリヒカリコメツキムシの成虫。
写真： Gilberto Santa Rosa

写真：Ary Nascimento Bassous

生息地
南米

最　大	約1.7cm
天　敵	肉食昆虫、鳥など

はみ出し情報！ ペルーの種は体長3cm。幼虫が羽化したシロアリを食べる。

幼虫、さなぎ、成虫と全ての成長段階で発光でき、世界の発光する昆虫の中で一番強い光を放つ。幼虫はシロアリのアリ塚の表面に穴を開けてひそみ、雨季の夜、羽アリたちが飛ぶときに体の一部を出して発光し捕食する。

美しすぎる虫たち

宝石のようなクモ！

ミラースパイダー

別名：スパンコールスパイダー　学名：*Thwaitesia*

| クモ目 |
| ヒメグモ科 |

| 攻撃力 | | 守備力 | | 素早さ | |
| 珍しさ | | 輝き | |

▼ここがすごい
鏡を拡大することができる！

ウロコ状の鏡 クモがおどろくと、ウロコ状の鏡部分が大きくなり、周りの風景が映り同化する。

◀模様にはさまざまなパターンがあるようだ。
写真：BernardDUPONT

写真：Doug Beckers

| 生息地 |
| シンガポールなど熱帯地方 |

| 最大 | 約4.5mm |
| ライバル | 鳥類など |

はみ出し情報！ 輝くウロコ状の腹部には、さまざまな色や形があるようだ。

クモといえば、きらわれるムシの筆頭だが、宝石とみまがうほど美しいクモもいる。腹部には、モザイク状の金属光たくがあり、美しい輝きを放っている。毒性があるかどうかや、習性など、くわしいことはわかっていない。

美しすぎる 虫たち

もっとも美しいとされるハナムグリ！

サザナミマラガシーハナムグリ

別名：サザナミハナムグリ　学名：*Euchroea coelestis*

甲虫目

コガネムシ科

攻撃力	■■■□□
守備力	■■■□□
素早さ	■■■■□
珍しさ	■■■□□
体当たり	■■□□□

▼ここがすごい
からだが輝く！

▶標本の裏と表。体長3.1cm（マダガスカル島産）。

緑の金属色 緑色の金属色に黒い波模様がありとても美しい。

➡ **体当たり** 昼行性で、速く跳べる高い飛翔能力を持ち、相手に体当たりする。

生息地
マダガスカル共和国：マダガスカル島

最大 約3cm

ライバル 鳥、トカゲなど

はみ出し情報！ サザナミマラガシーハナムグリは切手の絵にも使われている。

世界で4番目に大きな島、マダガスカル島の固有種。この島には他では見られないハナムグリが多く生息するが、なかでもサザナミマラガシーハナムグリはその美しさで知られ、「世界一美しいハナムグリ」とも呼ばれる。

世界の
チョウとガ

世界一美しいチョウのひとつ
ヘレナモルフォチョウ

別名：ヘレノールモルフォ　学名：*Morpho helena*

タテハチョウ科

モルフォチョウ属

攻撃力 ■■■■■	守備力 ■■■■■	素早さ ■■■■■
珍しさ ■■■■■	輝き ■■■■■	

▼ここがすごい
はねが金属光たくで
輝く！

青い金属光たく 体の
割に大きなはねを持ち、金
属光たくで青く光る。

体内に毒を持つ
天敵の鳥などが食べるのを
嫌うように毒を持っている。

生息地
南米のペルー、エクアド
ル、コロンビア

最大　最大開長は約14cm（オス）

天敵　鳥など

はみ出し情報！ 採集は、果実を用いるか、青い
銀紙を仲間と思わせておびき寄せる。

青い金属色に真珠のような
白い模様が入った、世界
一美しいチョウのひとつ。表面の
輝きは光の反射によるもの。メス
はオスよりも青みが少なかった
り、茶色であったり、地味な色を
している。成虫はくさった果実、
死がい、キノコなどを好む。

チョウとガの仲間

■標本サイズ
オス開長 9.8cm
（台湾産）

裏　　表

木の葉そっくりな蝶
コノハチョウ
英名：オレンジオークリーフ
学名：*Kallima inachus formosana*

日本、東南アジアに分布し、オスの最大開長は約10cm。はねの裏面が枯れ葉のような模様になっているところからこの名がついた。

フクロウの顔の模様を持つ
オオフクロウチョウ

別名：フクロウチョウ
学名：*Caligo eurilocus livius*

南米に生息し、オスの最大開長は約14.5cmになる。オオフクロウチョウの天敵はトカゲ。そのトカゲを捕食するフクロウに擬態し、身を守る。

逆さにはねを見ると、フクロウの顔が浮き上がってくる。

■標本サイズ
オス開長 14cm
（ペルー産）

サイズのめやす　0 10 20 30 40 50 60 70 80 90 100 110 120 130 140 150
単位：ミリメートル

※上記のスケールは縮小・拡大されている場合があります。大きさの目安として参照ください。

チョウとガの仲間

141

石に止まる
ベニモンウズマキタテハ。
数字がはっきり見える。

表

謎の数字が描かれたチョウ

ヒメベニモンウズマキ
タテハ

別名：ベニウズマキタテハ
学名：*Paulogramma peristera*

南米に生息し、オスの最大開長は約5cm。はねの裏側に数字が描かれているその姿から、「ウラモジタテハ」と呼ばれることが多い。

ウラモジタテハの
標本。最大開長は
約4cm。

■標本サイズ　不明

写真：Geoff Gallice

裏

最速で飛ぶ気品のある出で立ち

ロドリゲッツィ
ミイロタテハチョウ

別名：アエドンミイロタテハ
学名：*Agrias aedon rodriguezi*

中南米、メキシコなどに分布し、オスの最大開長は約7cm。ミイロタテハチョウは「世界最速、最美」のチョウとも言われ、中でも本種は標本が数十万円もする珍種。

■標本サイズ
オス開長 6.8cm
（メキシコ南部産）

サイズのめやす
（単位：ミリメートル）

| 0 | 10 | 20 | 30 | 40 | 50 | 60 | 70 | 80 | 90 | 100 | 110 | 120 | 130 | 140 | 150 |

■標本サイズ
オス開長 7.5cm（ペルー産）

羽が透明で透けているため、景色と同化する。

ガラスのように透きとおるはね
キモンスカシジャノメ

別名：スカシジャノメ
学名：Haetera piera

南米に生息し、オスの最大開長は約8cm。まるでガラスのような透きとおったはねを持ち、見事に風景にとけ込んで飛ぶ姿は美しい。

■標本サイズ
オス開長 14cm
（ハルマヘラ島産）

鳥のような大きなはねを持つ
アカメガネ
トリバネアゲハ

別名：アカメガネ
学名：Ornithoptera croesus lydius

インドネシアのバチャン島、ハルマヘラ島、モロタイ島に仲間が分布し、オスの最大開長は約15cmになる。鳥のような大きなはねから、トリバネアゲハの名がついた。

※左記のスケールは縮小・拡大されている場合があります。大きさの目安として参照ください。

世界の
チョウとガ

世界一美しいガ！
ニシキオオツバメガ

別名：ニシキツバメガ　学名：*Chrysiridia rhipheus*

チョウ虫目				
ツバメガ科				

攻撃力		守備力		素早さ
珍しさ		輝き		

▼ここがすごい
チョウよりも美しい

輝くはね　輝く派
手で大きなはね（翅）
を使い相手をほんろう
する！

毒を持つ
体内に毒を持
っている！

生息地
マダガスカル共和国：
マダガスカル島

最大　約9cm
天敵　クモなど

はみ出し情報！　幼虫時代に食べる草に毒性があ
り、羽化しても体内の毒は消えない。

マダガスカル島の固有種。タマムシやモルフォチョウと同じく色素を持たない、構造色ではね（翅）の金属光たくが輝いて見える。昼行性の派手な色彩のガは幼虫、成虫が体内に毒を持つ種類が多いが、本種も例外ではない。

■標本サイズ　オス開長 24cm
（エクアドル産）

ナンベイオオヤガ

別名：ナンベイオオシロシタバ
学名：*Thysania agrippina*

中央アメリカ中部から南米にかけて分布し、最大開長が30cm以上になる世界最大のガだ。

大きくて優雅に舞うガ

ヨナグニサン

別名：インドネシアサン
学名：*Attacus inopinatus*

■標本サイズ　メス開長 21.8cm
（フローレス島産）

ヨナグニサンの仲間は日本、インド、東南アジア、中国、台湾に分布している。中でもジャワ島のヨナグニサン（Attacus atlas）は、最大開長が28cm以上になる。

■標本サイズ
オス翅のたての長さ 23.2cm
（マダガスカル島産）

金色のマユをつくる美しきガ

マダガスカルオナガヤママユ

別名：オオオヒキヤママユ
学名：*Argema Mittrei*

とても珍しい黄金に輝くマユ。

本種はマダガスカル島の固有種で、尾がもっとも長いガとして有名である。近年標本の入荷数が少ない珍種で、マユは金色をしていて美しい。

チョウとガの仲間

サイズのめやす
（単位：ミリメートル）

0　20　40　60　80　100　120　140　160　180　200　220　240　260　280　300

※上記のスケールは縮小・拡大されている場合があります。大きさの目安として参照ください。

すごい能力を秘める 身近なムシ

身近に生息するムシたちのなかには、ものすごい能力を持つものがいます。普段、何げなく見過ごしている虫たちにも注目してみよう。

忍者のように水面を自在に移動

アメンボ

別名：ナミアメンボ
学名：*Aquarius paludum*

水面をスイスイと移動するアメンボ。それを可能にしているのは脚の先に生えている細かい毛だ。これにより表面張力がはたらき、水に沈まずに水面上を進むことができる。最大体長は約2.6cm。

脚の細かい毛からは油が出て、水をはじいている。

酸素ボンベで潜るスキューバダイバー

ゲンゴロウ

別名：ナミゲンゴロウ
学名：*Cybister japonicus*

水生昆虫だがエラがないため、おしりを水面に出して呼吸する。このとき腹とはねの間に空気をため、酸素ボンベのようにする。最大体長は約4cm。

後ろ脚は泳ぎやすいようにブラシ状の毛が生えている。これは人間が泳ぐときに使うフィン（足ヒレ）の役割と同じ。

ゲンゴロウの幼虫もすごい。注射針のようなアゴで獲物を刺してマヒさせ、消化液でとかしながら自分より大きな獲物も食べる。

扉を開けたり閉めたりできる巣

10cmほどの穴を掘って、そのなかでくらす。

キシノウエトタテグモ

別名：トタテグモ
学名：*Latouchia swinhoei typica*

地面に巣穴を掘り、扉を作ってしまう。獲物が近づくと飛びついて巣穴に引き入れて食べ、大型動物が近づくと巣穴に扉をして入れないようにする。最大体長は約2cm。

クモの仲間

トダテグモの巣は10cmほどの深さ。扉は糸でつながり、引っ張るとしまるしくみになっている。

ケラ

別名：オケラ
学名：*Gryllotalpa orientalis*

昆虫でありながら、モグラそっくりな構造で、土に巣穴を掘って地中で生活する。それにとどまらず、地表を歩き、水面を泳ぎ、空まで飛ぶ。最大体長は約3.5cm。

水面・陸地・空を自由に移動する！

昆虫界のオールマイティーなムシといえる。

 トビズムカデ

別名：百足
学名：*Scolopendra subspinipes mutilans*

普段は雑木林などに生息するが、エサを求め人家に侵入することも。毒を持つため、アゴでかまれると激しく痛む。最大体長は約20cmながら、ネズミなどの小動物を捕らえることもある。

**身近にいる
驚異の捕食者**

21〜23対の脚で素早くうごき、
ゴキブリも捕まえる機動力。

写真：Yasunori Koide

子育てするやさしい一面も

 オオハサミムシ

別名：ハサミムシ
学名：*Labidura riparia japonica*

背中を曲げて、尻部分のハサミを頭部の方へ移動させていかくするハサミムシ。戦闘的な姿とは裏腹に、孵化した幼虫を大事に育てる意外な一面もある。最大体長は約3cm。

子育てをするハサミムシの様子。別の種の母親は、子どもたちに自分の体をエサとして食べさせるという。

148

人の心の傷をいやしてくれる

🏠 スズムシ

別名：マツムシ
学名：*Homoeogryllus japonicus*

「リィィー、リィィー」という美しい鳴き声は、最近の研究でPTSD（心的外傷後ストレス障害）の治療に効果があることがわかった。最大体長は約2.5cm。

7月下旬から9月いっぱいまで、いやしのスズムシの音色を楽しめる。

🏠 プラナリア

別名：ナミウズムシ
学名：*Dugesia japonica*

きれいな水を好み、わき水や河川に生息する。再生能力が強く、体を切られても傷口から体が再生する。体を切りきざんだ100の破片から、100体のプラナリアが出現した記録がある。最大体長は約2.5cm。

扁形動物の仲間

切っても切っても再生する生き物

149

体重の全水分の3％まで減っても死なず、－273度から150度までの温度にたえ、真空状態や放射線にも強い。

極限状態でも生きられる

クマムシ

別名：ウォーターベア
学名：*Hypsibius dujardini*

ムシと名前が付くが、昆虫ではなく微生物。世界中の土の中などに生息するが、最大体長は約1mmほどの極小サイズのため、目にすることは少ない。極限状態にたえる生物として知られる。

昆虫からも血を吸うムシ

さされたときは痛みを感じないが、かゆみが1週間続くこともある。名前は、ヌカの粒のように小さな力のような生き物という意味。

ヌカカ

別名：カンタクムシ
学名：*Ceratopogonidae*

最大体長1.5mmほどの小さな虫で、一部のメスは、力と同じように吸血性を持つ。人間だけでなく、チョウの幼虫やトンボの成虫などの血も吸うのもユニークだ。

虫に寄生しあやつって殺す！

寄生していた虫が水中でおぼれ死ぬと、ハリガネムシは虫の尻から出る。最大体長は約1m、最大直径は約3mmにおよぶ。

ハリガネムシ

別名：ゼンマイ
学名：*Paragordius tricuspidatus*

幼体が小型の水生昆虫に寄生し、それを捕食したコオロギやカマキリなどの体内で成長。成虫になると、昆虫の脳の中にタンパク質の一種を注入してあやつり、水中に飛び込ませて殺す。

人類を破滅させる!? 最恐のムシ

災害や病気など、人間へさまざまな害をおよぼす、
恐ろしすぎる虫たちが一堂に集結した!

大量発生したバッタの様子。被害は甚大で、現在でも世界中で多くの人が被害を受けている。 写真：division, CSIRO

災害を起こす

虫によって起こる災害

降水量が減って草地が減ると、子どもの色が緑ではなく黄色や黒になる（相変異）。

⚠ サバクトビバッタ

別名：サバクワタリバッタ
学名：*Schistocerca gregaria*

アフリカ、中東、アジアの農場で、大量に発生して被害を与えている。脚力はバッタ界で最強と言われ、風に乗り1日に最長で200kmを移動する。最大体長は約6cm。

ものすごく眠くなる

⚠ ツェツェバエ

別名：ネムリバエ
学名：*Glossinidae*

アフリカに生息し、口部が針状になり吸血する。刺されると「眠り病」に感染し、睡眠周期が乱れ、悪化すると昏睡状態から死にいたることもある。

眠り病になる可能性が……

最大体長は1cmほどの素早くうごく吸血バエ。

かゆみをもたらす

人の皮ふで増殖し皮ふ病を引き起こす

クモの仲間

!! ヒゼンダニ

別名：カイセンダニ
学名：*Sarcoptes scabiei*

世界広域に分布し、最大体長は約0.4mmと極小。皮ふの下に増殖しながらトンネルを掘り、疥癬という皮ふ病を発症させる。かまれると、強いかゆみが続き、発疹やトンネル（穴）が確認できるようになる。
数十匹から100万匹以上が寄生する。

激しいかゆみにおそわれる

!! シラミ

別名：半風子
学名：*Anoplura*

世界中でシラミのなかまは約1000種が知られているが、人に寄生するのはヒトジラミとケジラミの2種。最大体長は3mmほど。

おもに人の陰部に発生するケジラミ。

ヒトジラミ（アタマジラミ）。　　写真：Gilles San Martin

もうれつなかゆみをもたらすムシ

!! ヒトノミ

別名：フーマンフレア
学名：*Pulex irritans*

ノミの種類は2000種以上で、世界のあらゆる場所に生息する。針のように伸びた口から血を吸われた後のかゆさは、力の比ではない。最大体長は約3mm。

体長の約100倍のジャンプ力を持ち、水平に30cm飛べる。

写真：Katja ZSM

大切なものをおそう

家を食べる恐ろしいムシ

イエシロアリ

別名：シロアリ
学名：*Coptotermes formosanus*

集団で枯れ木や朽木を食べ、その内部と外に巣を作る。ひとつの巣は最大100万匹で構成され、家の建築材を食べる害虫として恐れられている。最大体長は約7mm。

家屋に被害を与えるシロアリ。森林では木を分解するために役立つ能力。

がんじょうなアゴで木をけずって食べる。

ヤマトシミ

大切な本を食べるムシ

別名：きらむし
学名：*Ctenolepisma villosa*

日本広域に分布し、最大体長は約1cm。暗く、乾燥した場所を好み、乾物、穀類、紙などを食べる。家の中に侵入して、衣類を食べる害虫としても知られる。

全身に銀色などの金属光たくのある鱗粉をまとい、魚の姿に似ている。

人の体の中に寄生する

人の腸の中で強大化する

サナダムシ

英名：テープワーム
学名：*Cestoda*

食べ物についた卵が、人間の腸でふ化して、成長する。最大で10mに成長するものもいて、体の表面から栄養分を吸収する。

脳の中に寄生した例も報告されている。

へんけいどうぶつ
扁形動物の仲間

病気をもたらす

マラリアを媒介する恐るべきカ

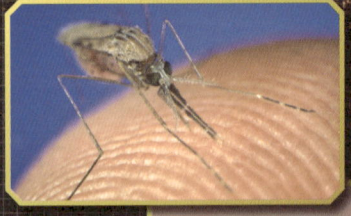

⚠ ガンビエハマダラカ

別名：マラリア蚊
学名：*Anopheles gambiae*

アフリカに分布し、最大体長は約6mmのカ。人間が刺されると、熱帯熱マラリア原虫が血管から体内に入りこんで、マラリアを発症してしまう。命の危険もある。

ハマダラカが吸血するところ。

発症すると、発熱が 36 〜 48 時間ごとにくりかえされ、悪化すると死にいたることも。

⚠ ブユ

別名：ブヨ
学名：*Simuliidae*

吸血されると、失明することも……

世界中に生息する吸血虫で、海外で刺されるとオンコセルカ症に感染することがある。線虫オンコセルカが、血管から目にいたると河川盲目症になり失明することがある。2015年治療薬を開発した大村智博士は、ノーベル生理学・医学賞を受賞。最大体長は約5mm。

カやアブと同じくメスだけが吸血する。ちがいは吸血の際に皮ふをかみ切って吸血するため、かまれたとき痛みがある。

吸血と同時に、感染症にかかる

⚠ ブラジルサシガメ

別名：ピンチュウカ
学名：*Triatoma infestans*

南米に分布する吸血虫で、吸血時にフンをすることが多い。そのフンにシャーガス病を媒介する原虫が入るため、かくと傷口から侵入して感染する。最大体長は約3.5cm。

シャーガス病に感染すると、数年から数十年後に急性の心不全で死ぬことがある。

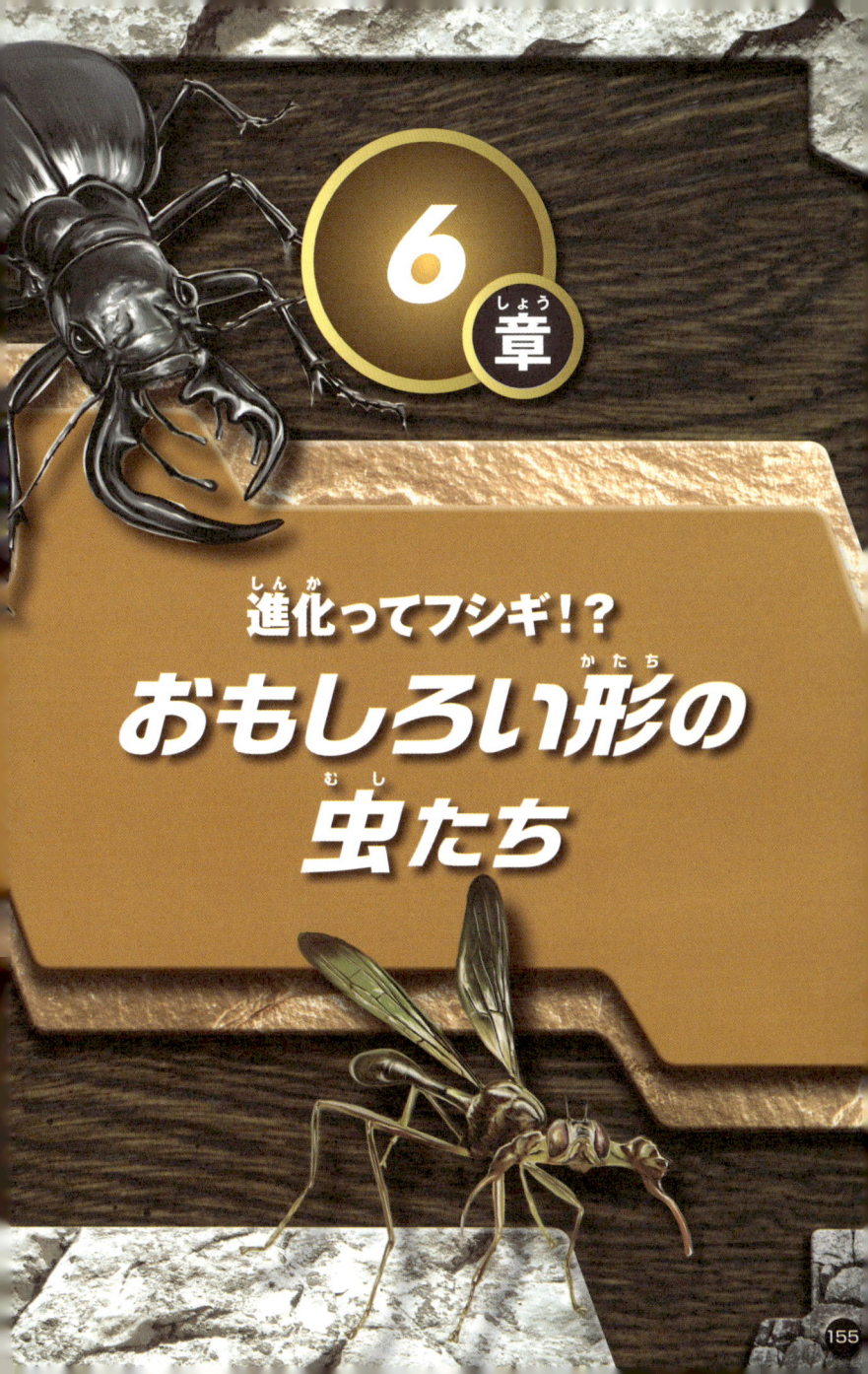

6章

進化ってフシギ！？

おもしろい形の虫たち

おもしろい形の虫

まるで小さい怪獣！？
ミカヅキツノゼミ

別名：リーフホッパー　学名：*Spongophorus ballista*

カメムシ目	攻撃力		守備力		素早さ	
ツノゼミ科	珍しさ		変な形			

▼ここがすごい
とにかく変な形すぎる

変な形　木の枝や葉になりすまして、相手に見えづらくする。変な形に、相手も驚きひるむ！

生息地
中南米の熱帯地域

最大　約0.7cm

天敵　アリ、トカゲなど

はみ出し情報！　植物の樹液をエサとし、お尻からミツをはいせつ。そのミツをアリが利用し、代わりにツノゼミを守る。

世界に3,200種が知られるツノゼミの中でも、ひときわ変わった形をしている。その姿はまるで「怪獣」にも見える。なぜこのような形に進化したのかは、まだくわしく解っていない。飛ぶときに大きなツノはじゃまになる。

156

真っ赤な目と美しい模様
オークツノゼミ
学名：*Platycotis vittata*

アメリカのアリゾナ州のオーク（ナラやカシの木）に生息。赤い目で、体に赤や黄色のラインや水玉の模様が入っている。角はあるものとないものがいる。

謎のコブを持つ
ヨツコブツノゼミ
学名：*Bocydium globulare*

コロンビアに生息。何のためについているのかわからない、謎の4つのコブが頭についている。走り回ることが多く、あまり飛ぶことはない。

アリに擬態する
アリマガイツノゼミ
学名：*Cyphonia*

メキシコなどに生息。お尻をあげて怒っているときのアリの姿に擬態している。横から見るとセミがアリをかついでいるようにも見えるため、アリカツギとも呼ばれる。

不思議な形と模様
エボシツノゼミ
学名：*Bulbauchenia*

頭に大きな帽子をかぶっているかのようなツノゼミ。白と黒の模様は、毒を持っていることを示す警告色だ。

おもしろい
形の虫

ヘラジカのような立派なツノを持つハエ！
シカツノバエ

別名・ヘラジカバエ　学名・Phytalmia alciconis

| ハエ目 |
| ミバエ科 |

攻撃力 ■■■□□
守備力 ■■■□□
素早さ ■■■□□
珍しさ ■■■■□
突進の威力 ■■■□□

▼ここがすごい
頭にシカのようなツノを持つ！

空から攻撃
飛翔能力が高く、空からの攻撃も得意！

ツノで突進
ヘラジカのようなツノで突進！

生息地
オーストラリア、ニューギニア島

最大 約1.5cm

天敵 ハチやクモ

はみ出し情報！ ツノの小さいオスは争っても負けるとわかると、メスのふりをしてなわばりにいすわることもある。

頭に生えたツノはオス同士がメスをめぐり、ケンカするときに使われることが多い。ツノが大きいオスほど強いのは、動物のシカやウシなどと共通している。ケンカに負けたオスはメスが来るなわばりから追い出されてしまう。

目はばの広さが男の値打ち!

シュモクバエ

英名:スタークアイドフリス 学名:Diopsidae

ハエ目			
シュモクバエ科			

攻撃力	▮▮▮▯▯	守備力	▮▯▯▯▯	素早さ	▮▮▯▯▯
珍しさ	▮▮▮▯▯	広角レーダー	▮▮▮▮▮		

▼ここがすごい
目と目の間が長いほどモテる!

頭で突進 いざとなったらはばの広い両目を持つ頭で突進!

広角レーダー 左右にはなれた両目は周囲を広く見渡せる!

生息地
アフリカ、東南アジア、日本、台湾

最大 約1.5cm

天敵 クモ、トンボ

はみ出し情報! 日本にもヒメシュモクバエが沖縄県の石垣島と西表島に生息。体長は6mmほどと小さい。

オス同士がケンカするときは、顔を突きあわせ、目のはばがせまい方が負けてその場をさることが多い。勝ったオスはメスと結ばれ子孫を残せる。目がはなれているほどモテるようで、両目の間の長さが体長より長くなるオスもいる。

159

おもしろい C 形の虫

人面いろいろ！

ジンメンカメムシ

英名：マンフェイスドスティングバグ　学名：*Catacanthus incarnatus*

カメムシ目

ジンメンカメムシ属

攻撃力	守備力	素早さ
珍しさ	悪臭	

▼ここがすごい
背中にいろいろな人の顔が見える！

臭いにおい カメムシなので臭い匂いで相手をかく乱する！

色 体色は黄色と赤い色がある！

▶標本を逆さにしたもの。

生息地
東南アジア、インドなど

最大　約3cm

天敵　カエル、アリなど

はみ出し情報！ 学名には「悪魔の顔」という意味があるが、日本の力士の顔にも見える。

体を逆さにすると、まるで人間の顔のように見えるカメムシ。体の模様は1匹ずつちがいがあり、同じ顔は一つとしてない。プラスチック樹脂コーティングされて、キーホルダーのお土産になるなど、とても人気が高い。

森の小さなキリン！
キリンクビナガオトシブミ

英名：ジラフウィーブル　学名：*Trachelophorus giraffa*

甲虫目

オトシブミ科

攻撃力	■■■□□	守備力	■■■□□	素早さ	■□□□□
珍しさ	■■■□□	葉を丸める	■■■■□		

▼ここがすごい
キリンのように首が長〜い！

長い首　長い首（頭と胸）を自在に動かして身を守ることもある！

はね（上翅）の色
赤い色が美しい！

▶ 標本。頭と胸の間が曲がる。

生息地
マダガスカル共和国：
マダガスカル島

最大	約2cm
天敵	肉食昆虫など

はみ出し情報！　江戸時代の「落とし文（他人にわからないようにわたす手紙）」に、丸めた葉が似ているのが名前の由来。

卵を産んだ葉を切り取り、丸めて地面に落とす習性があり、そのさいに長い首が役立っている。ただし、実際に長いのは、首ではなく、頭部と胸が長くのびたもの。学名のギラファには動物のキリンの意味がある。

宇宙服をまとう宇宙から来た昆虫！？

ジンガサハムシ

別名：ジンガサカメノコハムシ　学名：*Aspidomorpha indica*

甲虫目		
ハムシ科		

攻撃力	守備力	素早さ
珍しさ	隠れる	

▼ここがすごい
体色が黄金色！

飛ぶ 飛んで移動することもできる。

▲正面から見ると陣笠の形そっくり。

甲羅 はね（上翅）と前胸が透明色の甲羅のように進化。ピンチのとき体を守ってくれる！

金色の体 透明色と金色に輝くはねを持っている！

生息地
日本、中国、インド、ベトナム、シベリアなど

最大	約0.8cm
天敵	寄生バチなど

はみ出し情報！ 江戸時代の下級武士がかぶった「陣笠」に形が似ていることから名が付いた。

エサとして食べているヒルガオの葉の裏にくっ付いていることが多く、日本の初夏の風物詩といえる。振動を与えると地面に落ちる。草むらに落ちると、透明なこともあり、見つけるのが困難になる。動きはややおそい。

"フン"として生きる生がい！

ムシクソハムシ

別名：クソハムシ　学名：Chlamisus spilotus

甲虫目

ハムシ科

攻撃力	守備力	素早さ
珍しさ	擬態力	

▼ここがすごい
脚を折りたたんだら、フンそのもの。

全身が虫のフン！
体が黒く、虫のフンに似た姿で、天敵から身をかくす！幼虫は自分のフンを体につける。

生息地
日本、中国、台湾

最大　約2cm 幼虫時期

天敵　アブ、クモなど

はみ出し情報！ 産卵した卵にもフンをかけるという徹底ぶり。

天敵の目から逃れるために、木や葉、枝などに体を似せることを「擬態」というが、この虫はなんと虫のフンに化ける。成虫は危険を感じると、脚をたたんで背中のフンの下に完全にかくれ、本物のフンになりきってピンチを切りぬける。

おもしろい
形の虫

昆虫界のプレデター！

オオエンマハンミョウ

別名：プレデタービートル・学名：*Manticora latipennis*

甲虫目

オサムシ科

攻撃力	守備力	素早さ
珍しさ	アゴの威力	

▼ここがすごい
肉食甲虫で最強！

🛡 **硬い体** 体も硬く、守備力も高い。

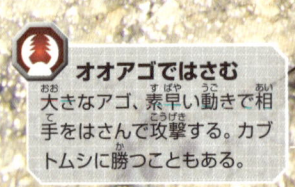

🔴 **オオアゴではさむ**
大きなアゴ、素早い動きで相手をはさんで攻撃する。カブトムシに勝つこともある。

▶標本。

生息地
アフリカ南部

最大 約6cm

天敵 大型のカエルなど

弱点 腹部

はみ出し情報！ 恐ろしい姿形にもかかわらず、標本やペットとして人気。

その恐ろしい形相から閻魔大王の名を持つ、凶暴で戦闘本能のかたまりのような虫。戦う相手をバリバリと食べる姿は恐ろしい。オオアゴがSF映画『プレデター』のクリーチャーに似ているので「プレデタービートル」とも呼ばれている。

昆虫界の案内人

ハンミョウ

別名・ナミハンミョウ　学名・*Cicindela japonica*

甲虫目

オサムシ科

攻撃力	守備力	素早さ
珍しさ	跳躍力	

▼ここがすごい
動きが驚くほど素早い!

体の金属光たく
金属光たくの頭部と色あざやかな体色が美しい。

オオアゴ 素早い動きで、小さな虫をつかまえ、オオアゴを使って食べる。

素早い動き 右、左と素早い動きで相手をほんろうする!

写真 / Alpsdake

生息地
日本の本州、九州、四国、対馬、種子島、屋久島

最大 約2cm

天敵 カエル、クモなど

はみ出し情報! ハンミョウの体からは、自分を防ぎょする果物などに似た香りがする。

近づくと1~2m飛んで逃げ、着地したときに、たびたび後ろをふり返る。その姿が、まるで道を教えているように見えることから「ミチシルベ」や「ミチオシエ」という異名を持つ。逃げるスピードは速く、捕まえるのが難しい。

おもしろい形の虫

世にも奇妙なあしながおじさん？

ザトウムシ

別名：ダディ・ロングレックス　学名：*Phalangium opilio*

クモ綱	
ザトウムシ目	

攻撃力 ▮▮▯▯▯
守備力 ▮▮▮▮▯
素早さ ▮▮▮▯▯

珍しさ ▮▯▯▯▯
移動力 ▮▮▮▮▯

▼ここがすごい
とにかく脚が長すぎる！

逃げる 長すぎる脚で1歩が人間のはば跳びのレベルで移動できる。

細長い脚 長い脚で体の中心を守っている。

写真：Marcel Zurreck

生息地
北海道、本州（近畿地方以東）、九州北部

最大	約1.2cm
天敵	アリなど

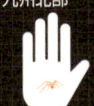

はみ出し情報！ 天敵におそわれたときに、長い脚を自分で切って逃げることが出来る。

ザトウムシはダニに近い仲間で、日本をふくめ世界の森林地帯に生息し、約4億年前から地球上にいたと言われている。脚を広げた大きさは、約20cmもある。アメリカでは「あしながおじさん」の愛称がある。

おもしろいC形の虫

世界最大のナメクジ！
アッシー・グレイ・スラッグ

英名：ジャイアント・スラッグ　学名：Limax cinereoniger

軟体動物

腹足綱・柄眼目

攻撃力	守備力	素早さ
珍しさ	かむ力	

▼ここがすごい
世界最大のネバネバ！

寄生虫 通った後に残るネバネバには寄生虫がいる！

かみつく 口部に歯舌という小さい歯がならび、いざというときはかみつく！

生息地
ヨーロッパ広域

最大	約30cm
天敵	ヒルなど

意外な一面 民間療法では心臓病に効果があると伝わるが、生で食べるのは危険。

ナメクジのなかで最大の種が、ヨーロッパに生息するこちら。日本最大のヤマナメクジ（体長約15cm）の倍のサイズがある。農作物に被害を出す害虫であるだけでなく、人に寄生する虫を持っているので注意が必要だ。

おもしろい形の虫

砂漠の暗殺者！

ヒヨケムシ

英名：キャメル・スパイダー　学名：Solifugae

クモ綱	攻撃力	守備力	素早さ
ヒヨケムシ目	珍しさ	アゴの威力	

▼ここがすごい
最高時速約16キロで走れる！

➡ **素早く走る** 10本の脚を使い、素早く動き回る。

 アゴで出血させる
頭より大きなアゴ（鋏角）で相手にかみつき、出血多量で弱った獲物を食べる。その付け根の中央に目がつく。

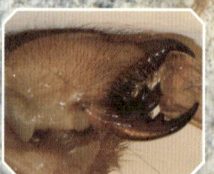

◀鋏角を内側の横から見たところ。

生息地
世界の熱帯、亜熱帯

最大 約15cm

ライバル クモ（捕食し合う）

はみ出し情報！ クモに似ているためか、猛毒を持つと言われることがあるが、毒腺はない。

乾燥地帯に多く生息し、体長の約3分の1の大きさがある大きな鋏角を持ち、先端に上下に動く爪を備える。獲物の肉を切り刻み、消化液で液化して食べる。昆虫のほかトカゲ、ネズミ、小鳥などを獲物にすることもある。

おもしろい形の虫

世界一気持ちが悪いムシ！？

タンザニアバンデットオオウデムシ

別名：カニムシモドキ　学名：*Damon variegatus*

クモ綱

ウデムシ目

攻撃力	守備力	素早さ
珍しさ	アゴの威力	

▼ここがすごい
見た目のインパクトがすごい！

ウデでつかまえる
トゲがあるカマのようなウデで相手をつかまえる！

オオアゴでかみつく
鋏角と呼ばれるオオアゴで相手にかみつく！

生息地
アフリカ中南部

最大 約4cm

天敵 サソリなど

はみ出し情報！ ペットとして国内に輸入されて来るが、逃さないよう注意が必要。

世界に約70種が知られるウデムシは、脚が体長の2〜4倍も長く、「世界一気持ち悪い生物」ともいわれる。この種は脚がとても長く見た目の迫力が一段と強烈だ。クモに近縁な生物だが、糸を出す能力と毒はない。

169

おもしろい形の虫

名曲をかなでそうな昆虫！？
バイオリンムシ

英名：バイオリンビートル　学名：Mormolyce phyllodes

甲虫目

オサムシ科

攻撃力	守備力	素早さ
珍しさ	ガス噴射	

▼ここがすごい
体が楽器のバイオリン！？

ガス攻撃 追い詰められたらお尻からガス攻撃！

狭いところに逃げる
厚さ約5mmの平たい体で、せまいすき間に逃げ込める！

生息地
インドネシア、マレー半島

最大 約10cm

天敵 カエル、トカゲなど

現地で遭遇！ マレーシアで民家の縁の下にいる本種を発見。想像より動きが速く驚いた。

まるで楽器のバイオリンのような形と色をした昆虫。サルノコシカケの裏側に産卵し、そこにかくれながら、キノコや小さい昆虫も捕食する。ピンチになるとアンモニアをふくむガスをお尻から噴射して身を守る。

世界最大級のあの生物！
オオメンガタブラベルスゴキブリ

別名：オオメンガタゴキブリ　学名：*Blaberus giganteus*

| ゴキブリ目 |
| ブラベルスゴキブリ科 |

| 攻撃力 | 守備力 | 素早さ |
| 珍しさ | 突撃の威力 | |

▼ここがすごい
大きいのに動きが速い！

🦗 **タックルする**
素早い動きで相手にタックル！

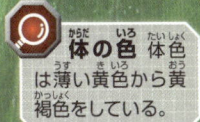

◀エクアドルで遭遇した本種。

🔲 **体の色** 体色は薄い黄色から黄褐色をしている。

生息地
南米

| **最大** | 約11cm |
| **天敵** | ネズミ、トカゲ、クモなど |

現地で遭遇！ エクアドルで夜、街灯に飛来した本種を発見。体色がきれいで驚いた。

世界最大級の大きさになる巨大ゴキブリであるが、日本の黒や茶色のゴキブリとはちがって、全身が黄褐色で、うっすらと透き通っている。ゴキブリとは思えないその美しさから、標本としても人気がある。

ユウレイヒレアシナナフシ

出た〜森の幽霊！？

別名：ユウレイナナフシ　学名：*Extatosoma tiaratum*

| ナナフシ目 |
| ナナフシ科 |

| 攻撃力 | 守備力 | 素早さ |
| 珍しさ | 擬態力 | |

▼ここがすごい
植物のように、ゆらゆらと動ける！

▲標本。日本のナナフシ（左）との比較。

体当たり いざとなったら重い体で体当たりする。

枯れ葉になりきる 枯れ葉に擬態して徹底防御。植物のように動ける。

サソリのようないかく 敵にみつかると、体を丸め、毒針を頭上に持つかのようないかくポーズをとる。

生息地
オーストラリア、ニューギニア島

| 最大 | 約20cm |
| 天敵 | 鳥など |

はみ出し情報！ 巨大な外国産ナナフシはどの種も標本が人気。

木の枝に擬態して、風にゆられて、枝がゆらゆらとゆれるところまで真似ができる。その様子が「幽霊」のようにも見えることからこの名前がついた。不気味な名前にもかかわらず、このナナフシは人気が高い。

ジャングルの忍者参上！
コノハムシ

英名：セレベスリーフインセクト　学名：*Phyllium pulchrifolium*

ナナフシ目
コノハムシ科

攻撃力	守備力	素早さ
珍しさ	擬態力	

▼ここがすごい
体がまさに葉っぱそのもの！

空を飛ぶ
オスは、メスに比べて体が小さいが、空を飛べる。

▲標本。左オス6.1cm、右メス8.3cm（ジャワ島産）

葉になってかくれる
木の葉に擬態してかくれる！

生息地
東南アジア、インドなど

最大	約8.5cm
天敵	鳥、カマキリなど

はみ出し情報！ 日本の農作物に食害が出る可能性があるため輸入と販売が規制されている。

昼間は葉になりすましてあまり動かないが、夜になると活発に活動する。見事なまでに葉の姿をしたコノハムシの姿は、「ジャングルの忍者」の異名にふさわしい。葉を食べるが、あやまって仲間の体をかじってしまうことがあるようだ。

おもしろい
形の虫

悪霊とまでいわれるヤバイ奴

リオック

別名：オバケコロギス　学名：Sia ferox

バッタ目
コロギス上科

攻撃力		守備力		素早さ	
珍しさ		アゴの威力			

▼ここがすごい
すさまじい凶暴さ

アゴでかじる 相手をつかんでバリバリとかじる！ダンボールを食いちぎるなど、アゴは強力！

▲リオックの標本。

写真：Pavel Kirillov

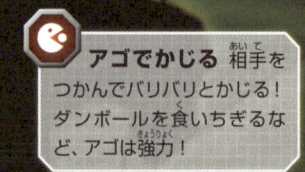

生息地
インドネシア

最大　約10cm
天敵　鳥、コウモリなど

はみ出し情報！ オス、メスを同じケースに入れておくと、メスがオスを食べることもある。

巨大なコオロギに見えるが、別の種類であるコロギスの仲間。夜行性で、あまりの凶暴さに「インドネシアの悪霊」の異名もある。しかしながら、大型のカブトムシやクワガタと戦うと、さすがに勝てない可能性が高い。

葉っぱかと思ったら……!?

オオコノハギス

別名：アシナガオオコノハギス　学名：*Arachnacris corporalis*

バッタ目
キリギリス科

攻撃力
守備力
素早さ
珍しさ
擬態力

▼ここがすごい
体が大きな葉に見える！

▲正面から見ると薄い。

体当たり
大きな体でジャンプして体当たり！

世界最大級のキリギリスの仲間オオコノハギスは、体全体が大きな葉のような姿をしており、この擬態によって天敵から身を守っている。体の大きさ同様に、鳴く音がとても大きく、敵を追い払う目的にも使う。

生息地
マレー半島

最大　約15cm
天敵　鳥、トカゲ、クモなど

はみ出し情報！　オオコノハギスは、2本の前脚に音を聞く耳の役割をする器官が付いている。

音を出す
大きな音を出して敵を追い払う！

おもしろい形の虫

森の変身ハンター！
アリグモ

英名：アントミミッキング・スパイダー　　学名：*Myrmarachne japonica*

クモ目

ハエトリグモ科

攻撃力	守備力	素早さ
珍しさ	擬態力	

▼ここがすごい
クモなのにアリに見える！

▲アリグモが擬態しているクロヤマアリ。

脚の毛の束 脚の先に粘着性の毛の束があり、それを使いガラスの壁面などにも登れる。

素早く逃げる 素早い動きで相手に捕まらない！

大きなアゴ 大きな上アゴでかみつき攻撃する！

生息地
日本：本州、四国、九州、南西諸島

最大　約0.8cm

天敵　肉食昆虫など

はみ出し情報！ 天敵の昆虫などに見つからないようにしつつ小型昆虫を捕獲する。

クロヤマアリに擬態することで、外敵から身を守りながら ハエなどの獲物を狩るハエトリグモの仲間。メスは上アゴがオスより小さく、よりアリに似ている。前脚を触角に似せて、アリのように6本の脚で歩いている。

おもしろい形の虫

霧吹き攻撃に気をつけろ！

アマミサソリモドキ

英名：ビネガロン　学名：*Typopeltis stimpsonii*

サソリモドキ目
サソリモドキ科

攻撃力	守備力	素早さ
珍しさ	液体噴射	

▼ここがすごい
一見、サソリに見える！

酢酸の液体
ピンチになると尾から酢酸入りの液で攻撃する。

▼標本。尾の先までいれると最大体長は約8cm。

巨大なハサミ
大きくて強力なハサミで敵をはさむ。

生息地
日本：伊豆諸島の八丈島、九州南部〜沖縄

最大　約4cm

天敵　ネズミなど

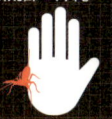

はみ出し情報！　産卵後メスは絶食し卵を守る。生まれた後、幼体は少しの間、母体の背中で過ごす。

世界に約80種が知られ、熱帯、亜熱帯に生息。一見サソリに似ているが人間に害のある毒はない。しかし、危険を感じると、尾の先から約8割が酢酸成分の液体を霧状に噴射。皮膚に触れると皮膚炎、目に入ると角膜炎などを起こす。

ギュッと抱きしめたくなる
かわいいムシ

思わず抱きしめたくなったり、見ているといやされる。
愛くるしい姿のムシたちを紹介していきます。

モフモフしてかわいい

♥ カイコガ

別名：シルクモス
学名：*Bombyx mori*

幼虫であるカイコが作るマユから天然繊維の絹が作り出されるため、世界中で飼育されている。そのカイコが成虫になった姿がカイコガだ。

天使の姿をした弱すぎる生物

はねの開長が最大約4.5cm。退化して飛ぶことも、エサを食べることもできず、数日で死んでしまう。　　写真：Zivya

サングラスをかけたような目もかわいらしい。

ふさ毛でおおわれた、いやしキャラ

♥ トラツリアブ

別名：ビーフライ
学名：*Anastoechus nitidulus*

ユーラシアに生息するツリアブ科のなかまで、最大体長は約1cmになる。数が少ない希少種で、日本では岡山県で多く見られる。

キュートな白黒のパンダカラー

アリという名前ながら、実はハチの仲間でお尻に針を持ち、刺さると痛い。

🟢 パンダアリ

別名：パンダアント
学名：*Euspinolia militaris*

南米のチリ、アルゼンチンなどに分布し、最大体長は約1cmのアリ。動物のパンダのような体色が、なんともかわいらしい。

顔がネコっぽいイモムシ

顔がネコで、体がイモムシというアンバランスさもおもしろい。

🟢 ヒメジャノメ

別名：チャイニーズ・ブッシュ・ブラウン
学名：*Mycalesis gotama*

東南アジアに生息し、日本にも広く分布する。幼虫の顔はネコにそっくりで、どこかかわいらしい。成虫になるとチョウになる。最大開長は約7cm。

写真：のぼちん

成虫になった後は、ネコの面影はない。

まつげのような大きな触角♥

🟢 コフキコガネ

別名：コックチェファー
学名：*Melolontha japonica*

日本の本州、佐渡、伊豆諸島などに分布し、最大体長は約3cm。粉をふいたような体色と、大きく開く触角に特ちょうがある。

体のうらはふさふさして、触角が大きなまつげのようでかわいらしい。

写真 mkoziol

一見、普通のコガネムシだが、うら返すと愛きょうがある。

写真：Mick Talbot

カラフルでかわいい

クジャクのような美しい模様を持つクモ

横からみたところ。普段は、飾りは横たわっている。写真：Jean and Fred

写真：Jürgen Otto

おりたたまれていた模様が、大きく開く。

🟢 ピーコックスパイダー

別名：孔雀グモ
学名：*Maratus volans*

オスは、メスを見つけると、腹部のカラフルな羽のような模様を見せ、脚をふりながら、求愛ダンスをする。最大体長は約5mm。

真正からみたところ。飾りの模様がよく見える。
写真：Jean and Fred

大きな目がかわいらしい。

かわいらしいギョロ目

🟢 イトトンボ

別名：ダムゼルフライ
学名：*Zygoptera*

アジアに広く分布し、日本にも生息する。体長は約3cmほどの小さなトンボ。美しい体色と、目が印象的なトンボ。

細長い体で、さまざまな色、模様のイトトンボがいる。

テントウムシのような模様

写真：Udo Schmidt

ナナホシテントウムシのようなカラーリングだ。

写真：Vengolis

はねの中心部分が黄色いものもいる。

♥ ジンガサハムシの仲間

別名：トータス・ビートル
学名：*Aspidomorpha miliaris*

ジンガサハムシとテントウムシが合体したような、明るいカラーがかわいらしい。日本のジンガサハムシよりやや大きく1.5cmほどのサイズ。

キラキラさせて飛ぶ小さなチョウ

小さな体で飛び回る姿は、何ともかわいらしい。

地上におりた黄色い天使！

はねのキイロが美しいキイロテントウは、幼虫時代から黄色い。

♥ ミドリシジミ

別名：グリーン・ヘアストリーク
学名：*Neozephyrus japonicus*

日本とアジア広域に生息する、最大開長が約2cmの小さなチョウで、オスのはねの表は黒地に金緑色のりん粉でおおわれている。

♥ キイロテントウ

別名：黄色天道
学名：*Illeis koebelei*

本種は他のテントウムシのように肉食ではなく、植物に寄生し、植物を病気にする菌を食べる。人間にとっての益虫だ。

体長は5mmほどと小さく、昼間に活動する。

ハエトリグモの仲間たち

別名：ジャンピングスパイダー
学名：*Salticidae*

ロボットや着ぐるみも連想させる。

写真：Thomas Shahan

笑ってあいさつしているように見える。

愛きょうのある動きと表情

ハエや小型の虫を食べるクモで、素早く動き、ジャンプが得意。前列に4つの目があるのが特ちょうで、どこかかわいらしく見えてしまう。最大体長は約1cm。

鳥とチョウとエビが合体!?

オオスカシバ

別名：ペラチド・ホーク・モス
学名：*Cephonodes hylas*

スズメガの仲間で、透明なはねを持ち、ビロードでおおわれたような体をしている。日本のほか、東南アジアに広く分布する。最大開張は約7cm。

ホバリングしながら、花の蜜を吸う。

写真：ひでわく

ベッコウハゴロモ

別名：鼈甲羽衣
学名：*Orosanga japonicus*

日本に生息するハゴロモ科の仲間で、成虫は植物の茎から汁を吸う。幼虫は、腹部にロウ物質の毛束を持ち、ブサかわいい顔をしている。最大体長は約1cm。

目がぎょろっとしたカエルのような顔。

毛束が生えた、ブサかわいい幼虫

写真 mkoziol

成虫にブサイクな顔の面影がある。

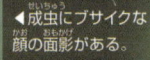

ありえない異形の昆虫

何らかの原因で、本来の姿とは異なる形で生まれてくる昆虫が、ごくたまにいる。そんな雌雄型と奇形型という、2つの珍しい昆虫を紹介。本邦初公開です!

雌雄型
【しゅうがた】

遺伝子の異常によってオスとメスの持ちょうをあわせ持つ雌雄型の昆虫たち。英語でギナンドロモルフ（gynandromorph）と呼ばれており、コレクターの間では人気が高い。

← オス ｜ メス →

サイズのめやす

（単位：ミリメートル）

0
10
20
30
40
50
60
70
80
90
100
110
120
130
140
150

雄雌の
はねを
左右に持つ
超レアなチョウ

!? プロックスゴライアストリバネアゲハ

学名：*Ornithoptera goliath procus*

開長 17.7cm（インドネシアセラム島産）。
この標本の評価額は 300 万円。

インドネシアのセラム島に生息する美しいトリバネアゲハチョウの雌雄型で、左半分がオス、右半分がメス。自然界で発生する可能性はとても低く、希少価値がある。このチョウのメスは最大開長が28cmで、はねの面積では世界最大だ。

※上記のスケールは縮小・拡大されている場合があります。大きさの目安として参照ください。

雌雄型【しゆうがた】

メス →
オス →
オス

原寸
Actual Size

オスとメスが
ミックスされたヘラクレス

!? ヘラクレス・ヘラクレスオオカブト
雌雄型

学名：*Dynases hercules hercules*

前胸左側と左半分の脚がメス、体と右前胸部と右半分の脚がオス。人工飼育で生まれた雌雄型だ。この雌雄型には生殖能力がなく、成虫の寿命が短い。

体長8cm。評価額 50 万円

野外で採集された
珍しい日本の
カブトムシ

メス →
← オス

!? カブトムシ雌雄型

学名：*Trypoxylus dichotomus*

体左半分がメス、右半分がオス。人工飼育ではなく、野外で採集された雌雄型。胸角は大きく左にカーブしている。

体長5.1cm（栃木県産）。評価額は 15 万円。

原寸
Actual Size

原寸
Actual Size

サイズのめやす
（単位：ミリメートル）

きれいに半分ずつ
オスとメスが分かれる

⁉ オオクワガタ雌雄型

学名：*Dorcus hopei binodulosus*

体の左半分がメス、右半分がオス。人工飼育で生まれた雌雄型。体の半分ずつが完全にオスとメスで分かれている。左半分のメスの体長は5.9cmあり、メスとしてはとても大きい。

体長 7.45cm。評価額 25 万円。

← メス ｜ オス →

オスとメスの特ちょうが
混ぜ合わさって出る

⁉ パリーフタマタクワガタ
雌雄型

学名：*Hexarthrius parryi paradoxus*

左オオアゴ、右半分の脚と左後ろ脚がメス、残りの部分がオスという、野外で採集された雌雄型。このように、雌雄の特ちょうが混ざって現れるタイプもある。

体長 6.5cm（インドネシア／スマトラ島産）。
評価額は 15 万円。

オス
メス
オス
メス
メス
オス

原寸
Actual Size

※上記のスケールは縮小・拡大されている場合があります。大きさの目安として参照ください。

0
10
20
30
40
50
60
70
80
90
100
110
120
130
140
150

雌雄型 【しゆうがた】

サイズのめやす
（単位：ミリメートル）

左右でオスとメスが半々の人気クワガタ

!? ギラファノコギリクワガタ 雌雄型

学名：*Prosopocoilus giraffa timorensis*

体の左半分がメス、右半分がオス。野外で採集された人気種ギラファノコギリクワガタの雌雄型。オスのオオアゴが下方向にカーブしている。

体長5.2cm（インドネシア／ティモール島産）。評価額は35万円。

オスとメスがきれいに分かれた黄金のクワガタ

!? ローゼンベルグオウゴンオニクワガタ 雌雄型

学名：*Allotopus rosenbergi*

全身が黄金の金属光たくのあるオウゴンクワガタの雌雄型。体の左半分がオス、右半分がメスと、きれいに分かれている。野外で採集された雌雄型だ。

体長5.9cm（インドネシア／ジャワ島産）。評価額は20万円。

※上記のスケールは縮小・拡大されている場合があります。大きさの目安として参照ください。

奇形型
【きけいがた】

遺伝子の異常や生息環境の変化、蛹の時期に蛹室が崩壊するなどの理由で、奇形で羽化することが多い。見つかる数が少ないため標本価値も高い。

サイズのめやす
（単位：ミリメートル）

⁉ ヘラクレス・リッキー

別名：デビルヘラクレス
学名：*Dynastes hercules Lichyi*

奇形型

胸部の左右に小さいツノがある野外採集品。ツノが鬼のツノのように見えることから、「デビルヘラクレス」と命名して昆虫展で展示をすると、とても反響がある。

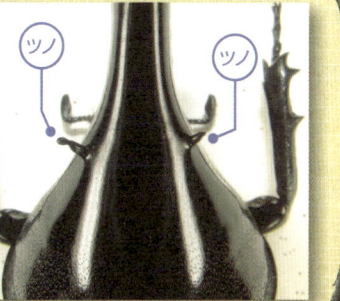

ツノ　ツノ

著者は、長年ヘラクレスの標本を見てきたが、このような標本はこの1匹しか見たことがない。

鬼のような
ツノを持つ
珍しいヘラクレス

オス体長 14.85cm（エクアドル産）。
評価額は 40万円。

原寸
Actual
Size

0
10
20
30
40
50
60
70
80
90
100
110
120
130
140
150

奇形型【きけいがた】

昆虫なのに脚が8本ある、珍しいカブト

⁉️ ヒメカブト 奇形型

学名：*Xylotrupes gideon*

右の真ん中の脚が3本に分かれていて、「合計8本の脚がある！」、野外で採集された奇形型。遺伝子の異常や生息環境の変化、蛹時期に蛹室が崩壊するなどの理由で羽化する奇形型。

オス体長 4.2cm（インドネシア／イリアンジャヤ産）。評価額 15万円。

灯下採集でつかまえたミヤマの珍品

⁉️ ミヤマクワガタ 奇形型

学名：*Lucanus maculifemoratus*

オオアゴの片方だけが短く羽化している奇形型。クワガタの奇形型標本は、オオアゴの片方が短いオス標本の価値が高い。長年、灯下採集を続けているが、オオアゴ奇形型のオスが採集できたのはこの2匹だけ。

オス体長 7.2cm（東京都産）

オス体長 4.5cm（東京都産）。評価額は2匹で 12万円。

※上記のスケールは縮小・拡大されている場合があります。大きさの目安として参照ください。

サイズのめやす
（単位：ミリメートル）

0 — 10 — 20 — 30 — 40 — 50 — 60 — 70 — 80 — 90 — 100 — 110 — 120

INDEX

著者紹介　岡村 茂

1963年8月、東京都三鷹市に生まれる。5年間のサラリーマン経験を経て、1990年に月刊少年ジャンプ（集英社）で漫画連載デビュー。 昆虫研究家として南米大陸、マレー半島、ヨーロッパなどに遠征。 漫画家、昆虫研究家、講演家、玩具クリエイター、イベントプロデューサー、大学外部顧問教授、ノンフィクションライターなど多方面で活躍中。

イラスト 岩崎政志

装丁・本文デザイン　髙垣智彦（かわうそ部長）

編集協力　高橋淳二　野口武（JET）

標本協力　大中正澄 、有限会社オカクワ

写真提供：アフロ（Blickwinkel、Science Source、Photoshot、上甲信男、Thomas Marent、早山信武、Michael Turco、Science Faction、picture alliance、Alamy、FLPA、中井寿一、All Canada Photos、Barcroft Media、KENKICHI.N、Ardea、矢部志朗、香田ひろし、Biosphoto、堀岡眞人、Science Photo Library、imagebroker、Juergen & Christine Sohns、BSIP agency、学研、岸田功、F1online、YUJI TANIGAMI、佐藤元信、松山史郎、田中幸男）
shutterstock
pixta
有限会社オカクワ

昆虫 超最驚図鑑

著者　岡村 茂
イラスト　岩崎政志　岡村茂
発行者　永岡純一
発行所　株式会社永岡書店
〒176-8518　東京都練馬区豊玉上1-7-14
電話　03-3992-5155（代表）
　　　03-3992-7191（編集）

DTP　編集室クルー
印刷　横山印刷
製本　大和製本

ISBN978-4-522-43462-8　C8045